經營顧問叢書 ⑪311

客 戶 抱 怨 手 冊

韋光正 任賢旺/編著

憲業企管顧問有限公司　　發行

#《客戶抱怨手冊》

序　言

在市場競爭日趨激烈，產品同質化日高，企業更爭相投入高額促銷廣告費用的情況下，企業經營早已走入更高層次的服務競爭；不論你是從事公司的業務操作，或是在商場從事買賣的櫃台業務，筆者要指出：

「售後服務與抱怨處理」，將是貴公司經營成功或失敗的關鍵所在。

就企業而言，售後服務工作的執行、客戶抱怨的處理，這些斱是企業經常發生、極為迫切的事項。然而，企業對該事項的認知，由於缺乏可資借鑑的資料與作法，企業仍只停留在「上對下的口頭宣傳」階段，不禁令人痛惜！尤其現在遭逢經濟不景氣時，企業更應加強「售後服務」工作，消除「客戶抱怨」的發生。

有鑑於此，為了滿足企業界「如何處理客戶抱怨」的疑問，我在寫作《售後服務手冊》一書後，獲得企業讀者喜愛；隨即規劃出版《客戶抱怨手冊》，**本書內所介紹的各種處理客戶抱怨工作，包括工作流程、執行步驟、具體方法、組織規劃、員工培訓、管理**

辦法，均是我擔任顧問師多年輔導企業界的實務操作內容，適用性極廣，值得企業參考運用。

本書的任何方法或步驟，若能對貴企業有所裨益，是我們最大的欣慰！

2015 年 2 月

<編輯按>本書作者任賢旺先生另一本相關的著作圖書資料如下：

書名：<售後服務手冊>

售價：400 元

出版社：憲業企管公司

電話：03-9310960

《客戶抱怨手冊》

目　錄

第1章　重新認識客戶抱怨 / 10

任何一個企業、機構，只要提供產品或服務，都有可能遇到投訴，這幾乎是不可避免的。若投訴處理不當，會帶來可怕後果。顧客產生不滿有各種原因，要找到引起他們不滿意的原因，設法消解他們的不滿。公司解決客戶抱怨的友好態度，會讓客戶有信賴感，為未來的合作奠定基礎。

第2章　客戶抱怨原因各角度剖析 / 39

客戶投訴的原因有很多方面，如產品缺陷、產品價格、服務角度、管理因素等，企業要對客戶投訴的原因進行分析，並從中識別顧客不滿意的真正原因，採取有效對策，鞏固老客戶。

第 3 章　處理客戶抱怨的原則 / 56

顧客在購買產品或服務時，往往有一定的期望水準，如果實際情況達不到期望水準，顧客往往會感到不滿意。如果企業的服務表現不佳或出現偏失，企業應該：分析出現偏失的原因；採取措施確保不重蹈覆轍；承擔所有責任。

第 4 章　處理客戶抱怨的流程 / 91

在處理客戶抱怨時，若沒有規章可循，僅憑各人的主觀想法去解決問題，往往會出現差錯。

客戶投訴涉及到企業各個環節，為保證企業各部門處理投訴時能保持一致，通力配合，圓滿地解決客戶投訴，企業應明確規定處理客戶投訴的工作流程規範和管理制度。

第 5 章　處理客戶抱怨的七個步驟 / 108

顧客投訴的處理滿意度，是企業優質服務的重要指標，也是顧客忠誠的重要催化劑，如何快速、有效地平息顧客的投訴，使顧客滿意，也就成為決定顧客忠誠的重要基石。

受理顧客投訴時，要從顧客角度出發，傾聽和思考，這樣才能換取顧客的信任和理解，有利於問題的解決。在明確顧客的問題和需求後，協商出雙方可接受的方案，並對後續工作進行跟蹤。

第 6 章　有效處理客戶抱怨的六種方法 / 125

客服人員的言談舉止和服務技能是企業外部形象的直接展示，直接影響到顧客的滿意度和忠誠度。

一名優秀的客服人員應該在工作態度、個人儀表、服務禮儀等方面具備一定的素養，而且還要熟練掌握顧客服務的技能。有效處理客戶抱怨的方法有：「一站式服務法」、「服務承諾法」、「替換法」、「補償關照法」、「變通法」、「外部評審法」。

第 7 章　應對客戶抱怨的六種溝通技巧 / 133

通過語言、行為舉止向顧客表示同情，受理顧客投訴，與顧客協商解決方案。接受顧客投訴時，核定事實並向顧客表示歉意，用顧客能接受的方式取得顧客諒解；針對投訴採分段說明與顧客體驗結合，以取得顧客認同；為平息顧客不滿，主動瞭解顧客需求和期望，取得雙方認同接受。

第 8 章　建立客戶抱怨管理體系 / 143

企業必須積極地建立一套客戶抱怨管理體系，把組織結構固定下來。投訴處理部門可由兩個並列部門組成：運作部門，對每天的投訴做出回應；支援部門，幫助確定和消除問題出現的原因，確保顧客知道到那裏去投訴，怎麼投訴，看投訴是否按照已有的程序在處理。

投訴處理部門要站在顧客的角度來分析顧客為什麼投訴、投訴顧客的期望，以便改善公司的運作方式。

第 9 章　客戶抱怨管理體系的實施 / 168

一個高效的投訴管理體系應具有便利性及透明性，顧客可以很容易地進行投訴；複雜的投訴程序、高昂的投訴成本都會使得顧客「欲言又止」，最後離你而去，從此拒絕往來。

對投訴處理過程進行監視和測量，可加強投訴管理體系是否實現預期的效果，當發現過程未達到預期的結果時，要採取有效的糾正措施，確保投訴管理體系按預定目標運行。

第 10 章　建立處理客戶抱怨的團隊 / 200

顧客服務是否能夠有效的進行，關鍵取決於擔任工作的人員品質。為確保這個品質，就要擁有優秀的人才，並繼續不斷的給予訓練，致力於品質的提升與保持。

企業經營者必須進行有計劃的教育訓練，讓所有相關人員瞭解必要的事項，以有效減少顧客投訴。客戶投訴部門在客戶服務經理的領導下，負責客戶投訴受理及投訴相關事項的處理。

第 11 章　客戶抱怨的事先預防 / 237

顧客抱怨是銷售的主要障礙之一。不論它何時以何種方式出現，企業可從商品、服務、環境設施三個層面改善服務，強調「以顧客為中心」的觀念，對顧客保持熱情和預見性服務，訓練僱員對服務的重視，處理好與顧客的人際關係，不斷提高服務工作水準，努力保持優質服務，積極預防，就能夠贏得顧客的歡迎，提高顧客的滿意度。

第 12 章　客戶抱怨的危機管理 / 260

在市場競爭日趨激烈的今天，危機無時不在覬覦著企業，威脅著企業的生存。大多數企業危機起初多源於一些不起眼的顧客投訴。因此企業能否從投訴中發現危機的陰影，並有一整套完整的危機管理機制及時應對，將關係到一個企業的盛衰存亡。

有效的傳播溝通工作可以在控制危機方面，發揮積極的作用。

第 1 章

重新認識客戶抱怨

任何一個企業、機構，只要提供產品或服務，都有可能遇到投訴，這幾乎是不可避免的。若投訴處理不當，會帶來可怕後果。

顧客產生不滿有各種原因，要找到引起他們不滿意的原因，設法消解他們的不滿。公司解決客戶抱怨的友好態度，會讓客戶有信賴感，為未來的合作奠定基礎。

第一節　投訴的定義

任何一個組織，包括企業、政府機關、非營利機構，只要提供產品或服務，都有可能遇到投訴，這幾乎是不可避免的。

那麼，如何確切地給投訴下一個定義呢？

英國標準協會在它頒佈的國際標準是這樣說的：「投訴：顧客任何不滿意的表示，不論正確與否。」

因此要正確理解投訴的概念，必須先要弄清「顧客」和「顧客滿意」的意義。

一、誰是顧客

要合理正確地理解投訴，應該先理解「客戶」及「客戶滿意」的概念。

1. 客戶的概念

客戶是指公司或企業所有的服務對象，如公司股東、僱員、顧客、合作者、政府官員、社區的居民等。客戶的特點是：

⑴客戶是供應鏈的成員，他們可能是批發商、零售商或者物流商，客戶不一定是產品或者服務的最終接受者。

⑵供應鏈下游的批發商和零售商是上游製造商的客戶，但他們不一定是用戶。

⑶客戶不一定在公司之外，內部良好的客戶關係，會使企業運行順暢。當內部客戶受到不良的內部服務時，他們可能將其不滿轉嫁給企業的外部客戶，導致客戶服務品質下降。

⑷客戶有 3 個層次。第一層是一般客戶。這種客戶的價值比較固定，不易提升，企業與客戶的關係是利益的均衡。第二層是潛力客戶，企業的目標是爭取這類客戶價值的提高，即通過商家的努力能拉近與客戶的關係，使其價值得以提高。第三層是關鍵客戶，客戶價值的上升空間很大，是企業的穩定客戶，對企業的利潤貢獻最大。3 個層次客戶的具體情況見表 1-1-1。

表 1-1 客戶層次分類表

客戶層次	客戶數量比例(%)	客戶關係層次	客戶目標	企業利潤比例(%)
一般客戶	60	鬆散隨機	客戶滿意度	10
潛力客戶	30	經常來往	客戶價值提高	30
關鍵客戶	10	固定緊密	全面利益	60

國際標準化組織(ISO)在 ISO 9000：2000 版標準中對顧客的定義是：

顧客：接受產品的組織或個人

這說明顧客可以是組織的消費者、購買者、最終使用者、零售商、經銷商、批發商或其他受益者。這裏的產品是一個廣義的概念，包括有形的產品和無形的產品(如服務)。一般把產品分為四類：

· 服務(如運輸、理髮、維修等)；

· 軟件(如程序、字典等)；

· 硬件(如五金工具、家具、衣服、電器等)；

· 流程性材料(如潤滑油、水泥、汽油等)。

二、什麼是顧客滿意

什麼是滿意的顧客服務呢？你或許一時半刻不知該如何回答。但若問你什麼是糟糕的顧客服務？我想你會很快舉出一大堆的例子，因為大部份人都有過不舒服的經驗，例如排長龍等待、侍應生態度惡劣、店員不理不睬、托運的行李遺失，服務人員跑去休息而遲遲不露面等。你能想起的一些滿意的顧客服務場景可能是：

1. 每天清晨您所訂的牛奶會準時送到家門口；

2.只要一通電話，藥店會按照您所說的醫生處方配好藥並送到府上，往往由藥房老闆親自送到還不收費；

3.在您存款的銀行，您可以輕易地見到銀行的經理，而他也能像老朋友一樣叫出您的名字；

4.當開車去加油站加油時，您不必走出車子，他們便會替您把油加好，同時還擦亮車前面的擋風玻璃，然後彬彬有禮地為您算好油錢；

5.當您走進一家陌生的餐館而不知該點什麼菜時，侍應生會熱情地向您介紹他們最拿手的招牌菜，並在適當的時候提醒您菜已經夠吃了，再點就會浪費了；

6.每到週末您可以到唱片行的小試聽間裏，自由地選聽最新上市的唱片，然後決定買還是不買。

營銷界對於顧客滿意概念的界定基本是一致的，即顧客滿意是指一個人通過對一個產品(或服務)的可感知效果(或結果)與他的期望值相比較後，所形成的愉悅或失望的感覺狀態。美國營銷學會直觀的表達為：滿意＝期望－結果。

著名營銷大師菲利普· 科特勒在其《營銷管理——分析、計劃、執行和控制》一書中對顧客滿意下了如下的定義：

顧客滿意是指顧客對一個產品的可感知的效果與他的期望值相比較後所形成的感覺狀態。

而 ISO 9001：2000 版國際標準——質量管理體系基礎和術語中對顧客滿意的定義是：

顧客滿意：顧客對其要求已被滿足的感受。

由此我們可以知道顧客滿意僅僅是顧客的一種感知，它是一個相對值，相對於顧客的期望和要求來說，可以表示為非常滿意、比較滿意、一般、比較不滿意、非常不滿意等等。

三、顧客不滿意＝投訴

顧客感到不滿意後的反應不外乎兩種：一是說出來，二是不說。

據一項調查表明：在所有不滿意的顧客中，有 69%的顧客從不提出投訴，有 26%的顧客向身邊的服務人員口頭抱怨過，而只有 5%的顧客會向投訴管理部門(如客服中心)正式投訴，見圖 1-1-1 所示的顧客投訴金字塔。

圖 1-1-1　顧客投訴金字塔

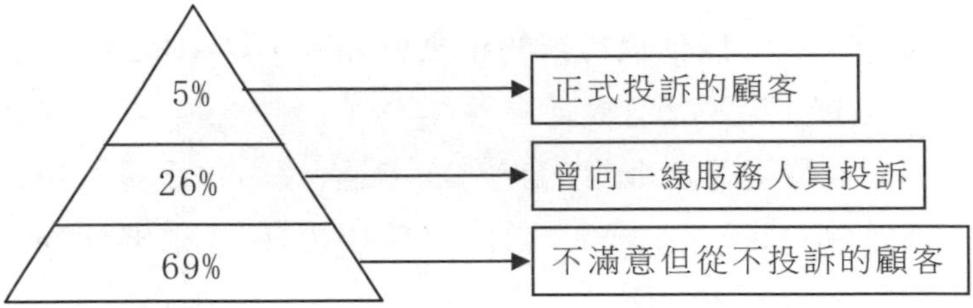

5% → 正式投訴的顧客
26% → 曾向一線服務人員投訴
69% → 不滿意但從不投訴的顧客

其中說出來的 5%的投訴顧客採取的表達方式可以分為三種：

1.當面口頭投訴(包括向公司的任何一個職員)；

2.書面投訴(包括意見箱、郵局信件、網上電子郵件等)；

3.電話投訴(包括熱線電話、投訴電話、800 免費電話、自動語音電話等)。

因此，顧客有任何不滿意的感受，通過以上途徑表達出來，就是投訴。

四、有效處理顧客投訴的重要性

相信我們都有一個共同的感覺，就是現在的顧客越來越懂得維護自己的權利了，動不動就要投訴，使我們的店鋪管理者和導購面臨著巨大的壓力。顧客投訴究竟是好事還是壞事？是麻煩事還是有利益的事？是危機還是機遇？

根據《世界經理人文摘》的統計。在 100 個產生不滿的顧客中，有 91%的顧客直接選擇不再光顧，5%選擇即時離開，只有 4%的顧客會進行投訴；而進行投訴的顧客當中，問題沒有得到解決的，有 81%的顧客不再回來，而投訴被迅速得到解決時，有 82%會成為回頭顧客。從這些數據可以看出，那些向我們提出中肯意見的人，都是對企業依然抱有期望的人，他們是期望我們的服務能夠加以改善，他們會無償地向我們提供很多信息。因此，投訴的顧客對於企業而言是非常重要的。

既然顧客投訴對我們來說如此重要，那我們如何緊緊抓住這 4%的顧客呢？

首先，我們主觀上要認識到顧客投訴的重要性，改變我們對顧客投訴的看法。投訴是壞事也是好事，正是有顧客的投訴我們的服務才有進步；顧客的投訴是麻煩也是機會，關鍵在於賣場如何理解及面對；當顧客向你投訴時，不要把它看成是問題，而應把它當作是天賜良機。所謂「抱怨是金」，當顧客抽出寶貴的時間，帶著他們的抱怨與你接觸時，也是免費向你提供一個提升的信息。

第二節　要認識客戶投訴的寶貴價值

顧客感到不滿意有各種原因，有時候他們的憤怒是有道理的；而有時候，又會覺得他簡直是在無理取鬧。無論有沒有道理，都要牢記「顧客總是對的」這條真理。要消解他們的不滿，就必須找到引起他們不滿意的根源。

一、投訴的顧客是真正的朋友

遇到投訴當然不是件愉快的事情，通常第一反應會是：

· 投訴者是找茬；

· 他們想從我這裏得到點好處；

· 太笨了，為什麼不看使用說明書；

· 說過很多遍了，為什麼還是不懂；

· 完蛋了，這個月的獎金泡湯了；

· 煩死了，又不是什麼大不了的事；

· 這不歸我管。

……

在投訴金字塔裏可以發現，所有不滿意的顧客中只有 5%的顧客會正式提出投訴，也就是說，每一位站在你面前的投訴者身後還站著 19 位不滿意的顧客，投訴者是自告奮勇地代表其他 19 名顧客來向我們報告公司存在的問題。如果沒有他們的存在，你將不知道自己的產品是否存在問題，也不知道如何去改進自己的產品。因此投訴者應該受到尊重，應該得到感謝，他們是真正的朋友！

那麼，另外那 19 名顧客去那裏了呢？

美國 OCA/白宮全國消費者調查的一項資料顯示：

不滿意但還會從你那兒購買東西的顧客	
不投訴者：	9%(91%不會再回來)
投訴沒有得到解決：	19%(81%不會再回來)
投訴得以解決：	54%(46%不會再回來)
投訴迅速得到解決：	82%(18%不會再回來)

也就是說那 19 位顧客有 91%的人選擇了離開，意味至少 17 名顧客將不再回來，他們去了我們的競爭對手那裏。

我們還發現了一個奇怪的現象，就是：不投訴者只有 9%會回來，投訴了但沒有得到解決的倒有 19%的人會回來。

投訴沒有得到解決，還會回來，什麼道理？

這是一個真實的統計結果，它反映了顧客的一種真實的心理狀態。例如，在餐館吃飯，你對飯菜質量不滿意，但什麼也沒說結賬走了，以後也不再來了；而有些人會向服務抱怨，你這個菜太鹹了，很難吃。服務會給你解釋：「可能您的口味比較淡，我們是川菜館，下次我給你推薦一些口味比較清淡的菜，真不好意思，謝謝您的寶貴意見。」這個人可能下次還會來。

投訴者的問題解決了嗎？沒有解決，可他受到了重視，顧客有受尊重的需求，他的不滿得到了渲洩後，有可能再回來，所以，投訴回來的比率比不投訴者至少高出 10%。如果投訴能得到迅速而合理的解決的話，投訴的顧客有 50%的可能會成為公司的忠誠顧客。

因此，要感謝顧客的投訴！

顧客的投訴可以成為你改進和創新業務的最好契機。他們能指出你的系統在什麼地方出了問題，那裏是薄弱環節。他們告訴你產品在那些方面不能滿足他們的期望，或是你的工作沒有起色；他們指出你的競爭對手在那些方面超過了你，或你的員工在那些地方落後於人……這些都是人們給咨詢師付費才能獲得的內容和結論，而投訴的顧客「免費」給了你！

記住，投訴的顧客只佔極少數，有很多人不屑告訴你的工作缺陷出在什麼地方，他們直接找別人去了。

二、投訴的信息是企業的有價資源

顧客投訴的信息如果能被正確對待和處理，那麼將是企業內非常有價值的資源。顧客投訴的內容五花八門，千奇百怪，但其中可能隱藏著我們容易忽視但又非常有價值的信息，可以幫助我們在產品設計、工作流程、服務規範等方面進一步改進。

例如，通信公司將客戶投訴作為企業資源管理的出發點，制定了《客戶申訴資源管理辦法》，通過對投訴進行具體的處理，如客戶回訪和原因分析，從中整理出有價值的提供給網路技術部門和市場營銷部門作為决策參考，取得了良好的效果。制度規定，全省各分公司客戶服務中心，每月將客戶投訴資料進行歸類整理、認真分析、及時回訪，提供投訴分析報告作為網路資源優化配置和市場營銷的决策依據。

三、客戶的不滿可使企業服務更完善

現在的客戶是越來越難「伺候」了：購買冷氣機後要送貨上門、送上門後要免費安裝、搬家後要免費移機……一步沒做到都會引起客戶的不滿。但回頭來看一看，當初這些「無理」的要求，如今都已成了冷氣機企業爭奪客戶的法寶。客戶對冷氣機企業提供的服務不滿意，提出的看似「無理」的要求，往往正是企業服務的漏洞，而其「無理」恰恰證明企業服務觀念僵化。企業要想完善服務，就必須依靠客戶的「無理取鬧」來打破「有理的現實」。

四、客戶抱怨的真實面目

簡單地說，「抱怨」就是顧客對商品或服務方式的不滿及責怪。因此，似乎只要售賣品質優良、性能超群的商品，並且提供良好服務水準的商店，就不會遭到顧客的抱怨。但是，事實也並非如此簡單。

抱怨的確是信賴度的表現，然而，這些「期待」與「信賴」並非是消費者的主動意願，而是這些商店為了使顧客信賴、使顧客期待，而日日苦心經營、兢兢業業努力不懈的結果。

因此，當顧客對於他們一向信賴而又抱著高度期待的商店產生不滿時，就會很容易地將之表情化，也就是直截了當地產生「抱怨」。因此，抱怨的定義可以這麼說：所謂「抱怨」是顧客對於某商店(企業)的信賴與期待，同時也是該商店(企業)的弱點。

對商店或企業而言，抱怨當然是越少越好，更由於這些抱怨正是公司的弱點所在。因此，要想改善公司的經營狀況，樹立良好的形象，就必須先處理這些由顧客心中產生的抱怨。

朝這個方向繼續思考下去，我們不難瞭解以下的事實：

「抱怨」並非囉嗦、煩人的事或者是顧客存心找碴，而是由顧客內心發出來的重要信息，一種既難得而又貴重的「財富」。

古諺「良藥苦口」的確是一句金玉良言，但是老是遭到別人的抱怨也不是一件好受的事。更何況，顧客如果是針對自己的態度或語言來大加責罵時，任何人都沒辦法不為之感到生氣。

但是，回過頭來想一想，當顧客抱怨的時候，如果我們能真正反省自己的態度和服務方式，不但可以增進我們本身待人接物的技巧，也會使我們的心智成熟，最大的關鍵即在於如何「施」，如何「受」這兩個字上。

第三節　不要把投訴的客戶當作敵人

一、把批評者變為忠實顧客

客戶是上帝，上帝有時也會發脾氣，甚至去投訴，這是上帝天賦的權利。根據一項研究，如果投訴能得到迅速解決的話，95%提出投訴的客戶還會和公司做生意。而且，投訴得到滿意解決的客戶平均會向五個人講述他們受到的良好待遇。因此，有見識的公司不會盡力躲開不滿的顧客。相反，他們會盡力鼓勵顧客提供抱怨，然後再盡力讓不滿的顧客重新高興起來。

處理投訴的第一個機會是在購買時刻。許多零售商和其他服務公司教育他們的員工與顧客直接打交道時，怎樣去解決問題及平息顧客的憤怒。他們授權其顧客服務人員，使用自由退貨和退款政策以及其他損害控制方法。

許多公司已建立了免費撥入的 800 電話系統來接受和解決消費者的問題。今天，超過 2/3 的美國廠商提供 800 電話，用來處理抱怨、詢問及訂貨方面的問題。例如，當研究表明 50 個不滿的顧客只有一個會提出抱怨時，可口可樂公司於 1983 年底，開通了它的 1-800-GET-COKE 電話線路。

「其他 49 名不滿顧客直接轉變品牌，」該公司的消費者事務經理解釋說，「所以明智之舉是尋找不滿的顧客。」

每個工作日，皮爾斯拜瑞都要處理超過 2000 人次通過其 800 電話打進的抱怨、讚揚及其它問題。在感恩節的前一天，皮爾斯拜瑞的顧客服務人員幫助 3000 名打來電話的人準備節日晚宴。如果打入電話的人不會說英語，皮爾斯拜瑞會撥打 AT&T 公司的一個能接通 140 種語言翻譯者的電話號碼，實現三方通話。

已開通 10 週年的嘉寶幫助熱線已收到了超過 400 萬個電話。一年 365 天，每天熱線工作人員都要向 2400 多個打入電話者提供育兒建議，工作人員大部份自己是母親或祖母。在 1994 年，該熱線收到了 647875 個電話。該熱線配有能說英語、法語及西班牙語的接線員，並備有大部份其他語種的翻譯。打入電話的人包括新任父母、日托提供者，甚至是健康專家。每五個電話中有一個是男子打入的。打電話者的提問範圍很廣，從何時向嬰兒餵食特定食物到如何為了嬰兒安全而佈置房間。

「以前總是由你的母親或祖母來回答你關於育兒的問題，」嘉寶幫助熱線的經理說道，「但現在情況越來越不像從前，對於新任或未來的父母來說，他們能在一天之中的任何時間拿起電話，並與能理解他們和向他們提供幫助的人談話是一件很好的事情。」

通用電器公司的回答中心可能是全美規模最大的 800 電話系統。它每年處理 300 多萬個電話，只有 5%是抱怨和投訴電話。

讓顧客高興的最佳方法首要的就是提供良好的產品及服務。不過，除此之外，一個公司還必須建立能夠尋找及處理不可避免會發生的消費者問題的良好系統。

最近的一份研究顯示，對投訴處理及問題回答系統的投資會產生平均 100%～200%的回報。瑪麗安· 雷斯繆森——美國運通公司的全球品質副總裁，提供了下面這個公式：「更好的投訴處理等於更高的顧客滿意度，等於更高的品牌忠誠度，等於更好的業績。」

二、客戶投訴是企業建立顧客忠誠度的契機

若沒有客戶投訴，並不表示顧客都是滿意的，這也可能表示，客戶認為與其投訴，不如離開，減少和你公司打交道的次數。通常一個客戶的投訴，代表著另外 25 個沒有向公司抱怨的客戶的心聲。有研究發現，提出投訴的客戶，若問題得到圓滿解決，其忠誠度會比從來沒有抱怨的客戶高。公司解決問題的友好態度，會讓客戶有信賴感，為未來的合作奠定基礎。看看麥肯錫公司的統計數字：

· 有了大問題但沒有提出抱怨的顧客，有再來惠顧意願的佔 9%；
· 有了大問題會提出抱怨的顧客，不管結果如何，願意再度惠顧的佔 19%；
· 提出抱怨並獲圓滿解決的顧客，有再來惠顧意願的佔 54%；
· 提出抱怨並快速獲得圓滿解決的顧客，有再來惠顧意願的佔 82%。

可見獲得客戶的抱怨是至關重要的，因為沒有消息就是壞消息，與客戶關係走下坡路的一個信號，就是客戶不抱怨了。沒有人是永遠滿意的，尤其是一段時間後，客戶要不是有話直說，就是再也聯繫不到了。

三、投訴的顧客是我們真正的朋友

許多客服人員把投訴當成一個「燙手山芋」，希望最好不要發生，如果發生了最好不是我接待，如果是我接待最好不是我的責任，他們把投訴的客戶都當成敵人。有句西方諺語說：「沒有消息就是好消息。」可是對於一家公司來說，沒有投訴的聲音卻未必是個好消息。要知道，不滿意是企業進步的機會。

每一家公司的每一個營業場所都應該對客戶投訴制訂相應的對策，這些對策不能是一成不變的，而應該根據營業場所自己特定的客戶群、當地的風俗習慣、人文特點等加以制訂，特別是要全體職員共同參與、共同制訂、共同實施。如果希望你的客戶不要「出走」，跑到你的對手那裏，不妨抽出時間，與你的同事一起坐下來討論，制訂出一套行之有效的投訴處理辦法。

面對客戶的投訴，一個最基本的要求是：必須瞭解他們對產品和服務的要求、水準，讓他們知道你是可以信賴的。在合適的時候，不妨告知他們你這邊工作的進度與狀況，必要時詢問他們的意見，讓他們知道工作在大家都滿意的狀況下進行。如果你不小心犯了錯，也要讓他們知道你會從這個錯誤中學習，不會一再重蹈覆轍。

面對市場競爭日趨激烈的今天，廠家或商家在客戶投訴這一點上應變被動為主動，徹底從觀念上認識客戶投訴。客戶對企業的產品提出投訴，只要是客觀存在的，就會對產品的技術改進、增強產品市場競爭力有很大的幫助，對企業來說是有百利而無一害的。

有些公司，當接到客戶的報修或投訴電話時，百般抵賴，推卸責任，「這件事情我們無能為力，我們只提供軟體，你提的這個問題應先跟當初負責實施的代理商聯繫。」或者「這個故障跟我們公司完全沒有關係，你應先跟數據庫、作業系統、伺服器廠商聯繫。」在技術方面半懂不懂的人，通常會被這一招搞得暈頭轉向，一通電話打下來，連他自己都搞不清到底該找誰了。有時，客戶服務人員甚至用略帶輕藐的語調回答說：「很抱歉，除您以外從來沒有人抱怨這個問題。請問您操作前究竟看過說明書沒有？您敢肯定您當時是完全按照規範操作的嗎？」

客戶投訴，證明他對你的公司還有信心，在很多情況下，客戶更願意採取「一言不發」的辦法，這樣，你就失去了一個客戶對你的信任。你別小看一個客戶，在未來的日子裏，他會對至少 10 個或者更多的人說：千萬別用這個服務不好的公司！這樣，你就失去了 10 個客戶或更多。所以，如果客戶投訴，一定要認真對待，用「心」處理。

四、顧客投訴可以促進企業成長

簡而言之，抱怨是顧客對自己的期望沒有得到滿足的一種表述。對企業來說，有顧客提出投訴，說明企業還是能被市場關注的。正確對待和解決好顧客的難題，是企業生存和發展的關鍵。顧客是市場競爭中的「法官」，顧客可以決定企業的存亡。

所以顧客的意見和臉色就是企業經營的準繩。因為，顧客投訴的原因正是企業問題所在，如果及時解決了企業中存在的問題，完善了工作方法，使顧客從投訴轉變為滿意，就不會失去原來的顧客。長久積累的這些顧客，便成為對企業忠誠的顧客群。

如果員工對顧客的投訴置之不理或汙言惡語，傷害了顧客就等於減少自己的市場，沒有顧客也就沒有投訴，工作中的問題也就無所謂解決不解決，不被市場關注就意味企業「判了死刑」。員工的言行就是企業的言行，每一個員工接觸每一個顧客，每一個顧客都有每一份感覺，有「投訴意」的存在是企業成長中必然因素，顧客對企業的批評、指責是企業「治病」的「良藥」。這樣，企業才能逐步完善自身的制度和措施，並健康成長和壯大，顧客也會更多。還拒絕顧客提出投訴嗎？下面我們來分析顧客表面的投訴和企業隱藏的問題之間的關係。

從表面上看來，顧客向零售商抱怨說，他在中秋節當天才發現買的月餅包裝與內容不符，而這時商店已經打烊了。但深入地看，這位顧客是想看看商店會不會把他的話當回事兒以及會怎樣賠償。

從表面上看來，顧客向保險代理人抱怨說，他們打電話要求保險公司處理一個簡單的問題，等了幾天都沒有回音。但深入地看，顧客是在警告代理人，保單到期後，他們會去找另一家保險公司續保。

你認為大多數顧客服務人員領會的是表面的抱怨還是深層的含義？令人遺憾的是，許多人只聽到了直接的表面抱怨，結果因對顧客的投訴處理不當，白白地流失了大量顧客。

根據美國「金融機構市場營銷協會」(FIMA)與「拉登金融集團」對服務質量所作的一項調查，曾有25%的顧客對服務質量作過投訴。這份調查表明：「鑑於這一較大的比例，組織中的每一個人——從出納員到總裁——必定會越來越認識到，自己或者是直接在為顧客服務，或者是在為組織中的某個人服務，而這個人也還是為顧客服務的。所有的員工職位都是因顧客而存在的。」

一般情況下，要去培養新顧客比留住老顧客更難，只有那些肯表達自己投訴的人，才是我們的忠誠顧客。下面來看美國瑞特克公司對待投訴是怎麼做的。

這家公司在1986年實施了一項質量控制方案，在三年的時間裏裁員一半，同時停產賺不到錢的產品。在過去，很多顧客向他們抱怨產品質量差、交貨晚、票據有誤等。後來，瑞特克公司根據顧客意見制定了一套制度，從被退回的產品中吸取教訓。結果，瑞特克公司大大降低了顧客退貨造成的成本損失和昂貴的退換成本。

再來看便捷泊車公司。該公司在全美國多個城市經營著許多停車場。顧客曾向該公司抱怨：進停車場容易，出去就難了，每次離開停車場時，都要在出車上浪費很多時間。便捷公司於是採取了幾項措施來加快出車速度，結果不僅滿足了顧客的需求，而且每年還能為公司省下近五十萬美元的費用。

管理大師彼得· 德魯克告誡我們：「衡量一個企業是否興旺發達，只要回頭看看其身後的客戶隊伍有多長就一清二楚了。」每一位商家就是為其身後源源不斷的客戶隊伍在孜孜不倦地開拓市場。沒有疲軟的市場，只有疲軟的產品；沒有最好，只有更好；發現問題是成功地解決問題的一半。挑剔的客戶是我們最好的老師，客戶抱怨是送給我們最好的禮物，他幫助我們找到了問題、完善了產品，使我們得到不斷的成長和進步。

任何公司都可以在一帆風順的情況下提供較充分的服務。順風順水地處理事情是很簡單的。然而在問題出現時，好公司可以馬上顯示其不凡之處，服務不週造成的危害是顯而易見的。彌補這種危害帶來的影響，應被視為是一次機遇而不是痛苦的例行公事。

五、妥善處理客戶投訴可以促進銷售

總體上說，妥善處理客戶投訴是為了使客戶重新獲得滿意以及信任。客戶只有在對某一商品滿意的情況下，他才會主動、積極地採取購買行為，並且在購買過後也不至於引發投訴。「真誠處理客戶的投訴」、「重視客戶所不滿的這件事，也重視客戶這個人」、「誠心誠意地對待」之類的內容，也正是目前營銷市場上流行的「客戶滿意」的說法。這種觀念是處理客戶投訴時的最佳武器，它不但能達到最好的處理效果，而且還可能是在不景氣時創造商機的一張王牌。

所謂客戶滿意就是讓客戶徹底地滿足，這裏的客戶也包括未來的潛在客戶。客戶滿意的訴求理論是：「什麼樣的服務能讓客戶得到最大的滿足。」這是一種完全站在客戶的立場上來思考的商品策略及銷售策略理論。

市場化的快速推進，使我們明顯地認識到購買和銷售雙方面的本質性變化。以前只要產品製造出來、有市場需求、價格又便宜就能賣，即使品質較差也是如此。在大量生產、大量製造的時代，誰能滿足消費者，誰就能找到宣傳銷售的途徑，進而獲得利益。但隨著消費情況的變化，消費者選購商品時都是為自己而選，因此只有讓客戶滿意的商品才能獲得客戶的支援。

以這樣的現況來看，客戶滿意的原則就是「重視選購商品的客戶，為滿足客戶的需求，在商品開發、服務及銷售上盡心盡力。」況且，從客戶的忠誠度來說，妥善處理客戶投訴的意義非常明顯。我們都知道，客戶有投訴就表示沒有達到客戶滿意的標準，投訴可以說是客戶表達其不滿的必然反應。對於這樣的反應，只有認真的傾聽，以誠意對待，才可以獲得客戶的好感、提高他們的滿意度。許多親自體驗的例子證實，大多數的客戶都是因為對方恰當地解決了他們的投訴，才使他們變成該公司的忠誠客戶。

忠誠的客戶無論從那種角度上來說都是公司最好的消費群。一項統計資料表明，企業的銷售額有 80%來自忠實客戶的重覆惠顧。而這 80%完全是建立在排除客戶投訴，使客戶達到一定滿意度的基礎上的。

所以，如果在消費不景氣、無法拓展銷售量的大環境下，經營者成功經營的秘訣就是讓客戶完全滿意，而且要妥善處理客戶的投訴，確實做到讓客戶滿意。

如果認為客戶不投訴是因為我們服務好那就大錯特錯了。因為大部份客戶吃了虧也不會吭聲，沒有消息一定就是壞消息，客戶早就離你而去。客戶是我們的衣食父母，是給我們發工資、獎金的人。沒有客戶就沒有產品，沒有產品就沒有現金。據專家調查統計：公司每年都會流失老客戶；一個公司如果將其客戶流失率降低 5%，其利潤就可能增加 25%～45%。

重視客戶投訴也是一種重要的經營。如果客戶抱怨，他們是在給你提供反饋，這樣的反饋不但有價值，也許還代表了其他客戶的意見。如果投訴管道暢通，他們會在每一重要環節為你提供解決問題的機會，你也會重新贏得他們的信任。應該獎勵投訴的客戶，他們值得你這麼做。獲得一個新客戶的成本是保住一個老客戶的八倍。贏回的客戶會更忠誠，對待他們應該像對待你的財富一樣。要仔細聆聽並採取行動。客戶並不想離開，他們希望你把他們感召回來，並把問題處理好。

學會「換位思考」，正確辨別客戶的不滿意，針對客戶申訴的問題，迅速查找出引起客戶不滿的真實原因，在處理過程中做到心中有數，有的放矢。樹立「客戶至上」的理念，善於站在客戶的角度，以客戶的心理去思考，採取主動，有針對性地加以解決。道歉只是最基本的，而不是最佳的處理客戶投訴的方法，應該提倡的做法是感謝客戶，並採取一定的措施進行獎勵。只有這樣，才能樹立良好的品牌形象，增加產品的美譽度及信任度，從而使企業在競爭中立於不敗之地。有的企業就一貫堅持產品「零缺陷」標準和推行「揭短」工程，企業請員工來「揭短」，市場請客戶來「揭短」，以挑戰自我和服務無限的精神贏得市場客戶的普遍讚譽。

客戶永遠是對的，剩下來的就是我們的錯誤，只有我們承認錯誤、面對錯誤、改正錯誤，才能贏得客戶的信任，留住客戶，建立牢固的客戶關係。

六、要真心實意地把顧客的投訴當作禮物

假設在你生日那天，一位多年不見的老朋友帶著一份精致的禮物登門拜訪。賓主寒暄後，你最有可能的第一反應是感激。「謝謝你老遠跑來，謝謝你這麼好的禮物。」你的一言一行，無不流露出與老友團聚和收到禮物的驚喜之情。

接著，你拆開禮物之後，發現那是一本特地為你選購的書，你會說什麼呢？「謝謝，我真的好開心！我很早就想買這本書，可惜一直沒買到。你想得真週到，你是怎麼知道我喜歡這本書的？以後每讀一頁，我都會想到你。」好了，也許沒這麼囉嗦吧，但喜悅和感激之情已經表露無遺。

現在，如果有顧客打電話來投訴：「我是×××，我仔細核查過我的訂購單！我在你們那裏訂了兩條褲子，一條是咖啡色，一條是藍色。可是你們寄來的兩條都是藍色的，這究竟是怎麼回事？」你會一開始就這樣回答說：「謝謝你打電話來告訴我們，真是太感謝了……」大概不會吧。

但在收到生日禮物時，我們會不假思索地立即道謝。為什麼我們會這麼做呢？原因很簡單，生日禮物是朋友花了時間精挑細選的，而且可能是我們所希望得到的東西。那麼提出投訴的顧客算我們的什麼人呢？朋友還是仇人？他們究竟想幹什麼？

當顧客投訴他們訂購的是一條咖啡色和一條藍色褲子，接到的

卻是兩條藍色褲子時，很多企業的顧客服務人員的答覆通常如下：「你的姓名？你的地址？什麼時候訂購的？訂單號碼？你確定訂的不是兩條藍色的嗎？向誰訂購的？」有的顧客服務人員會故作推辭：「我不知道這是怎麼回事，這種事太多了，忙不過來。」運氣好的顧客可能會得到一句致歉，但是幾乎沒有顧客服務人員會說：「謝謝。」

讓我們再設想一下，如果別人高興地送你一本書作為生日禮物，你卻非常冒失地問道：「你在那裏買的？有沒有打折？有多重？有多少頁？你看過了嗎？什麼，連你自己都沒有看過幹嘛送給我？就因為它上了愚蠢的暢銷排行榜，你就非得讓我費時間看這破玩藝兒嗎？」我想，你收到禮物時絕對不會這麼粗暴無禮，沒有分寸，你會充滿感激地說：「謝謝。」

提出投訴的顧客其實給了我們一個彌補過失的機會，讓我們能夠找出問題癥結所在，這樣他們就幫助了我們，而他們受到鼓勵，也會再次惠顧，享用我們的服務。這就好比他們給了我們一本書(即禮物)，書名是《一個生存機會：聽取我的意見，做大你的生意》。因此，你可千萬別說：「行了吧，這本書我已經有了，我不想再讀另一本一模一樣的書，我夠忙的了。」

七、投訴能為你贏得先機

現在人們對產品的期望值越來越高，總是以「國際標準」來衡量商家的產品和服務，而商家們不是把工夫用在產品和服務上，而是不惜巨資大做廣告，誇大產品的性能，開出誇張的承諾，吊起客戶的胃口和期望值。過高的期望與過低的效果，帶來的就是不滿、抱怨、投訴。專家們發現：服務不能令客戶滿意，會造成 95%的客戶離去；客戶問題得不到解決會造成 90%的客戶流失；客戶中 75%從未提出過投訴；客戶中 29%不滿時只向身邊的服務人員提出過；僅有 7.5%的客戶投訴通過客戶服務部門傳達到老總的身邊。

由此可見，對客戶不滿意既要重視，又必須要徹底解決。要重視和正確對待客戶的不滿，抓住客戶不滿意中的機會，提高服務質量，以達到擴大銷售的目的。

當客戶感覺到產品或者服務在質量、可靠性或者適合性方面有不足的時候，他們通常會側重於價值取向。期望值受商品或者服務的成本影響，對低成本和較高成本商品的期望值是不同的。一個簡單的例子：一份 5 元的拉麵即使味道不太好，客戶也會很快原諒，但是一份 150 元難以下咽的午餐引起的反應則會大得多。

客戶的問題與抱怨往往是他們對企業銷售活動的評價與反饋。並不是抱怨越少，企業的問題就越少，大部份不滿意的客戶不會抱怨；許多不抱怨的客戶會直接轉向競爭企業。企業要積極發現客戶的問題和不滿，及時採取行動來更新和改進對客戶的服務，更好的捕捉客戶需求，給企業以提升客戶忠誠度的機會。抱怨被及時處理而滿意的客戶會比抱怨發生前更加忠誠，最重要的就是確保在今後的經營活動中不會讓這些問題再次發生。

知識的更新、技術的更新、產品的更新越來越快。在 IBM 公司，40%的技術發明與創造，都是來自客戶的意見和建議。從客戶投訴中挖掘出「商機」，尋找市場新的「買點」。變「廢」為「寶」，從中挖掘出金子，客戶投訴是一種不可多得的「資源」。

客戶對新產品和服務的感知，也影響產品的設計和重新改進。沒有經過測試和更改就推出的新產品或服務是企業損失人力、財力資本的隱患，在產品推出前，企業研發人員都應該確保與客戶積極聯繫，根據客戶提供的反饋和意見進行改進和調試，以增強新產品的適應性、迎合客戶的需要以及市場的接受力。有些企業還專門建立了產品測試小組，採集客戶建議，對產品進行改進。可洗地瓜的海爾洗衣機即是生動的一例。

同時，顧客投訴的信息如果能被正確對待和處理，那麼將是企業內非常有價值的資源。這些資源可以幫助我們在產品設計、工作流程、服務規範等方面進一步改進。

這是一個發生在美國豐田汽車的客戶與該公司客服部間的真實故事。

有一天，美國豐田汽車公司的龐帝雅克(Pon-tiac)部門收到一封客戶抱怨信，上面是這樣寫的：

「這是我為了同一件事第二次寫信給你，我不會怪你們為什麼沒有回信給我，因為我也覺得說出發生這樣的事，別人會認為我瘋了，但這的確是一個事實。

我們家有一個傳統的習慣，就是我們每天在吃完晚餐後，都會以冰淇淋來當我們的飯後甜點。由於冰淇淋的口味很多，所以我們家每天在飯後才投票決定要吃那一種口味，等大家決定後，我就會開車去買、但自從最近我買了一部新的龐帝雅克後，在我去買冰淇淋的這段路程問題就發生了。你知道嗎？每當我買的冰淇淋是香草口味時，我從店裏出來車子就發動不了。但如果我買的是其他的口味，車子發動就順得很。我要讓你知道，我對這件事情是非常認真的，儘管這個問題聽起來很可笑。

為什麼當我買了香草冰淇淋時，這部龐帝雅克它就發動不了，而不管什麼時候買其他口味的冰淇淋，它就一切正常？為什麼？為什麼？」

事實上，龐帝雅克的總經理對這封信還真的心存懷疑，但他還是派了一位工程師去查看究竟。當工程師去找這位仁兄時，很驚訝的發現這封信是出之於一位事業成功、樂觀、且受了高等教育的人士之手。工程師安排與這位仁兄的見面時間剛好是在用完晚餐的時間，於是兩人一個箭步躍上車，往冰淇淋店開去。

那個晚上投票結果是香草口味，當買好香草冰淇淋回到車上後，車子又出現問題了。工程師之後又依約試驗了三個晚上。第一晚，巧克力冰淇淋，車子沒事。第二晚，草莓冰淇淋，車子也沒事。第三晚，香草冰淇淋，車子又犯毛病了。

這位思考有邏輯的工程師，始終不相信這位仁兄的車子對香草冰淇淋過敏。因此，他仍然不放棄繼續安排相同的行程，希望能夠將這個問題解決。工程師開始記下從頭到現在所發生的種種詳細資料，如時間、車子使用油的種類、車子開出及開回的時間……，根據資料顯示他終於有了一個結論，這位仁兄買香草冰淇淋所花的時間比其他口味的要少。

為什麼呢？原因是出在這家冰淇淋店的內部設置的問題。因為，香草冰淇淋是所有冰淇淋口味中最暢銷的口味，店家為了讓顧客每次都能很快的取拿，將香草口味特別分開陳列在單獨的冰櫃，並將冰櫃放置在店的前端；至於其他口味則放置在距離收銀台較遠的後端。現在，工程師所要知道的疑問是，為什麼這部車會因為從熄火到重新啟動的時間較短時就會發動不了？

原因很清楚，絕對不是因為香草冰淇淋的關係，工程師很快地由心中浮現出答案——「蒸氣鎖」。因為當這位仁兄買其他口味冰淇淋時，由於時間較久，引擎有足夠的時間散熱，重新發動時就沒有太大的問題。但是買香草口味時，由於花的時間較短，引擎太熱以至於還無法讓「蒸氣鎖」有足夠的散熱時間。

通用公司從一個看似滑稽的投訴案例中發現了產品中隱含的質量問題。

如果企業能處理好因為自身行為的不當所導致的消費者投訴的話，消費者不僅不會遠離企業，相反地，他們會認為這是一家值得信賴的企業，從而提高消費者的滿意度，並極大的刺激消費者的「二次購買」。畢竟，誰都有可能犯錯誤，關鍵是犯了錯誤的態度。

名牌企業作為領跑者，必然要承擔出頭的壓力。只有社會和客戶不斷地以更高的標準要求，才能不斷保持進取、創新，才不致懈怠。

第四節　投訴處理不當，會帶來可怕後果

一、投訴處理不當，你很可能失去顧客

為什麼留住顧客很重要？假如你的顧客決定不再回來，這對你的公司來說可能是很大的損失。而投訴處理不當，你很可能失去顧客。

因此，今天的公司花費更多的資源來留住老顧客，避免其流失，而不是開發新客戶。一家加拿大運輸公司是這樣來估算顧客流失帶來的損失：

1. 該公司有 64000 個客戶；

2. 今年，由於服務質量差，該公司喪失了 5%的客戶，也就是 64000×5%＝3200 個客戶；

3. 平均每流失一個客戶，營業收入就損失 40000 美元，所以公司一共損失 40000×3200＝128000000 美元營業收入；

4. 該公司的盈利率為 10%，所以，該公司損失了 12800000 美元的利潤。而對一個忠誠顧客來說，他們的價值不僅僅是一次的消費

額，公司考慮的應該是他的終身價值。

這裏有一些關於顧客終身價值的例子：

1. 一個兒童在麥當勞每星期消費一次，平均消費 30 元，一年消費 12×4×30＝1440 元，10 年就消費 14400 元，終身將是多少呢？如果加上陪同兒童的家長的消費，又將是多少呢？

2. 一名超市經理說，每次他看見一名生氣的顧客時，就知道他的商店將損失 6.5 萬元，為什麼呢？他解釋道：假設顧客是一個三口之家，每週日常消費 125 元，一年就有 6500 元，在本地區居民按 10 年計算，就是 6.5 萬元，所以如果顧客因為不滿意而轉向另一家超市，他就將損失 6.5 萬元營業收入。損失還不止這些，如果該顧客向其他人說超市的壞話，還可能導致 6～10 名顧客流失。

某公司每月在聯邦快遞服務上的開支是 1500 美元，預計公司這項業務要維持 10 年，所以公司預計在聯邦快遞服務上將花費 18 萬美元，如果聯邦快遞的毛利率是 10%，那麼這家公司對於聯邦快遞的終身價值就是 18000 美元的利潤。

伴隨著國際化經營，可口可樂不止一次的爆發了「形象危機」。在印度、美國、英國、比利時，可口可樂都曾面臨困境和危機。面對危機事件，可口可樂是如何應對的呢？下面這個著名案例，也許會對你有所啓發。

1999 年 6 月 9 日，比利時 120 人在飲用可口可樂之後發生中毒，嘔吐、頭昏眼花及頭痛。已經擁有 113 年歷史的可口可樂公司遭遇了歷史上罕見的重大危機。

可口可樂公司立即著手調查中毒原因，同時收回可口可樂部份產品。一週後中毒原因基本查清，比利時的中毒事件是在安特衛普的工廠發現包裝瓶內有二氧化碳。但近一個星期，可口可樂亞特蘭大公司只是在公司網站上粘貼了一份相關報導，報導中充斥著沒人看得懂的專業辭彙，也沒有一個公司高層人員出面表示對此事及中毒者的關切。

此舉觸怒了公衆，消費者認為可口可樂公司沒有人情味，消費者不再購買可口可樂軟飲料，而且比利時政府堅持要求可口可樂公司收回所有產品，公司這才意識到問題的嚴重性。

可口可樂公司董事會主席和首席執行官道格拉斯・伊維斯特從美國趕到比利時首都布魯塞爾舉行記者招待會，強調可口可樂公司是世界上一流的公司，它還要繼續為消費者生產一流的飲料。第二天，伊維斯特在比利時的谷家報紙上發出由他簽名的致消費者的公開信中，仔細解釋了事故的原因，信中還提出要向比利時每戶家庭贈送一瓶可樂，以表示可口可樂公司的歉意。與此同時，將比利時國內同期上市的可樂全部收回，並向消費者退賠，為所有中毒的客戶報銷醫療費用。

此外，可口可樂公司還設立了專線電話，並在 Internet 上為比利時的消費者開設了專門網頁，回答消費者提出的各種問題。例如，如何鑑別新出廠的可樂和受污染的可樂，如何獲得退賠等。在整個事件過程中，可口可樂公司都牢牢地把握住信息的發佈源，防止危機信息的擴散，將企業品牌的損失降到最小的限度。

隨著公關宣傳的深入和擴展，可口可樂的形象開始逐步地恢復。比利時的居民陸續收到了可口可樂公司的贈券，上面寫著：「我們非常高興地通知您，可口可樂又回到了市場。」商場裏，人們在一箱箱地購買可樂。

據初步估計，可口可樂公司共收回了 14 億瓶可樂，中毒事件造成的直接損失高達 6000 多萬美元。不過，比利時的一家報紙評價說，可口可樂雖然為此付出了代價，卻贏得了消費者的信任。

二、投訴的顧客可能會轉向競爭對手

美國營銷專家的一項研究表明，基於以下一些原因，顧客不再去某家企業購買東西：1%死亡(對此你無能為力)；3%搬遷；5%形成了其他的興趣；9%出於競爭的原因；14%由於對產品投訴結果不滿意；68%由於這家企業的某個人對他們粗暴、冷漠或不禮貌。

另一項調查表明，超市的顧客每五個人中就有一個人不再到原來去的超市而改去其他超市購物。原因是什麼呢？大多數人是由於在收銀機旁受到了服務員態度粗暴的對待。

顯然，大家都想並且希望得到良好的服務，一旦受到了不好的對待，他們就不再回來了。假如顧客決定不再回來，這對企業來說可能是很大的損失。有一項研究發現，在美國每獲得一個新顧客的平均成本是 118.16 美元，而使一個老顧客滿意的成本僅僅是 19.76 美元。獲得一個新顧客比保住一個老顧客要多花五倍多的錢。這筆錢本來可用於改善工作環境，提高待遇。

顧客是企業產品和服務最權威的評判者，對改進產品和服務也最具發言權。他們在使用各類產品的過程中，會發現產品的不盡如人意之處，甚至碰到種種困難，並由此產生投訴而投訴。因此，企業可以從這些投訴中瞭解和發現產品及企業服務的不足之處，掌握用戶的消費需求及隱含的市場信息，進而瞄準問題的關鍵，尋找開發新產品的靈感，有針對性地改進原有產品設計，提高產品質量，改進售後服務，使企業更上一層樓。

有一些企業碰到顧客投訴時，常常把它當作一件「壞事」或「不光彩」的事，不去認真分析產生投訴的原因，不去細緻研究自身產品和服務上存在的缺陷和不足，而是漫不經心應付了事，能糊弄的就糊弄，好推託的便推託，甚至找藉口，指責消費者不會使用產品，把自身的責任推得一乾二淨。這樣一來，儘管省心省力了，但企業的產品和服務卻得不到改進，企業信譽和影響力必然降低，顧客會後悔自己當初的選擇。殊不知，顧客的後悔是企業業績下降的致命根源。

曾經有許多媒體一度爭相報導美國華盛頓州一名男子的投訴遭遇。這名男子穿著破爛的衣服來到銀行兌現一張支票，並根據銀行的規定要求領取 50 美分的停車券。但勢利的女職員打量他半天，決定不給他停車券。她搪塞說，想靠他今天這筆小小的交易享受免費停車的待遇，沒門兒！男子當然對這種武斷的決定提出投訴，並要求和主管見面。女職員和主管先是帶著鄙視的神色從頭到腳仔細地打量了這名顧客，然後才再次告訴他，免費停車的規定不適用於他。該名男子於是要求將他的全部存款提走。結果他的賬戶裏竟然有將近 100 萬美元！男子取了錢，頭也不回轉身就走，直接來到位於同一條街上的該銀行的競爭對手那裏，把錢全部存了進去。

這家銀行在事後表示，這件事發生以後，他們正在對其服務準則進行深刻反省。

心得欄 ----------------------------------

第 2 章

客戶抱怨原因各角度剖析

客戶投訴的原因有很多方面，如產品缺陷、產品價格、服務角度、管理因素等，企業要對客戶投訴的原因進行分析，並從中識別顧客不滿意的真正原因，採取有效對策，鞏固老客戶。

第一節　客戶投訴的心態

一、客戶投訴的產生

客戶對產品或服務的不滿叫做客戶抱怨，客戶抱怨主要是由對產品或服務的不滿意而引起的，抱怨行為是不滿意的具體行為反應。客戶對服務或產品的抱怨意味著經營者所提供的產品或服務沒達到其期望值、未滿足其真實的需求。客戶抱怨可分為私人行為和公開行為。私人行為包括不再購買該品牌、不再光顧該商店、說該品牌或該商店的壞話等；公開的行為包括向商店或製造企業投訴、向政府有關機構投訴、要求賠償。

投訴只是客戶面對產品或者服務存在某種缺陷而採取的公開行為，實際上投訴之前就已經產生了潛在抱怨，潛在抱怨隨著時間推移就變成顯在抱怨，而顯在抱怨會直接轉化為公開的行為，如投訴。例如，消費者購買了一部手機，接打電話時雜音很大，這時還沒有想到去投訴。但隨著手機問題所帶來的麻煩越來越多，就變成顯在抱怨，顯在抱怨最終就會導致投訴。

圖 2-1-1 客戶抱怨過程

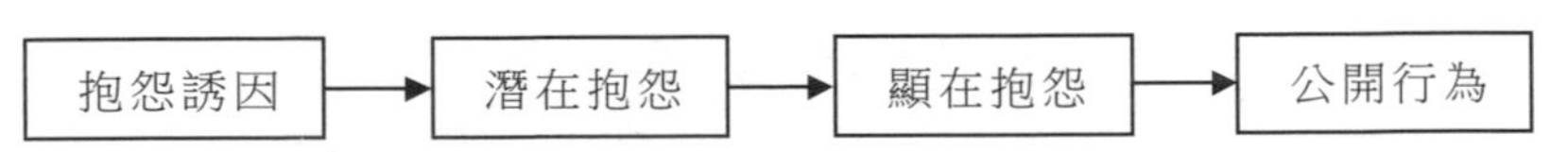

是什麼讓企業感到客戶投訴如此棘手？第一個是服務品質和服務態度很難量化。服務品質和服務態度是顧客經常投訴的內容。顧客對服務品質和態度是否滿意完全憑主觀感受，而且標準不一。同一問題有些顧客感覺很滿意，有的就可能不滿意，因為需求不同，滿意和不滿意的標準也就不一樣。

第二個是顧客個性差異。不同類型的顧客不滿意時的態度也不盡相同。理智型的顧客不滿意時，不吵不鬧，但會據理力爭；急躁型的顧客遇到不滿意的事時，必投訴，且大吵大鬧，希望把事情搞大；憂鬱型的顧客不順心時，可能無聲離去，決不投訴，但永遠不會再來。

二、客戶投訴心態的分析

客戶投訴有著較為複雜的心理過程，且因人、因事而異，因此也會存在一些不定因素。

1. 客戶不平衡所引發的投訴

客戶不平衡所引發的投訴主要表現在以下幾個方面：

⑴客戶不認同企業經營方式及經營策略；

⑵客戶對企業的要求超出企業對自身的要求；

⑶客戶對企業服務的衡量尺度與企業自身不同；

⑷客戶由於自身素質修養或個性原因，對企業提出的過高要求無法得到滿足時。

2.客戶與企業的衝突過程

客戶的衝突過程可分為如下三個階段：

⑴衝突的潛在階段。客戶從不滿意到投訴，在心理上表現為一個漸進過程。當客戶買到低於期望值的商品或服務時會感到失望，從而產生挫折感，對服務人員也會產生情感抵觸。這時，如果客戶服務人員善於察言觀色，妥善加以處理，及時道歉，加以解釋或用心為客戶服務，去感化客戶，就有可能化解矛盾。

⑵衝突爆發階段。客戶的不滿之情沒能得到關注和化解，情感抵觸逐步積蓄上升為情感衝動，導致行為失控。我們經常聽到客戶在投訴時說:「簡直太氣人啦！」衝突爆發的形式和程度，依客戶道德修養和個性而定。理智的客戶據理力爭，決不讓步。失去理智的客戶則怒不可遏，甚至破口大罵。

⑶衝突爆發後。客戶的不滿之情發展到極點，尋求情感宣洩的表達方式，或投訴、報復。

3.客戶投訴時的心理特點

客戶在投訴時的心理變化是非常複雜的，不同的客戶有不同的心理，同一位客戶在不同的環境下心理活動也有差異。客戶在投訴時的心理特徵如下：

⑴求宣洩。客戶正當的需求沒有得到滿足或受到不公正的對待而產生挫折感時，要向管理人員發洩怒氣，以尋求情感補償。

⑵求補償。客戶的怨氣宣洩之後激動情緒得到緩解，他們要維

護自身合法的權益。一般情況下，客戶是因受損失而投訴，因此，客戶會要求物質賠償，以求得心理平衡。

⑶求尊重。客戶自尊心受到傷害，很難平復，因此產生投訴。通常客戶會要求當事人或管理人員當面認錯並賠禮道歉，以找回尊嚴。

通過以上分析，可以知道處理客戶投訴其實就是解決客戶與企業間的情感聯繫問題。投訴處理得好，就會得到客戶的諒解，使壞事變成好事，從而改善客戶對企業的印象，避免反面宣傳。

第二節　客戶投訴的產品原因

產品缺陷，是指產品存在危及人身、他人財產安全的不合理的因素。對產品質量缺陷，可以做如下分類。

1. 假冒僞劣產品

僞造或者冒用認證標誌等質量標誌；僞造產品的產地，僞造或者冒用他人的廠名、廠址。在生產、銷售的產品中以假充真、以次充好；生產明令淘汰的產品或失效、變質的產品。

2. 標識不當的產品

產品應當附有產品質量檢驗合格證明，用中文標明的產品名稱、生產廠廠名和廠址；根據產品的特點和使用要求，需要標明產品規格、等級、所含主要成分的名稱和含量，應當用中文相應予以標明；需要事先讓消費者知曉的，應當在外包裝上標明，或者預先向消費者提供有關資料；限期使用的產品，應當在顯著位置清晰地標明生產日期和安全使用期或者失效日期；使用不當，容易造成產品本身損壞或者可能危及人身、財產安全的產品，應當有警示標誌或者中文警示說明。

3.質量瑕疵產品

產品不符合在產品或者其包裝上註明採用的產品標準，或不符合以產品說明、實物樣品等方式表明的質量狀況；不具備產品應當具備的使用性能，也未能對性能瑕疵做出說明；可能危及人體健康和人身、財產安全的工業產品，不符合保障人體健康，人身、財產安全的要求。

日本豐田汽車公司 2005 年宣佈，在美國市場召回 77 萬多輛存在質量隱患的汽車。5 月 19 日，又在中國召回 8549 輛進口普拉多。對於已經銷售給用戶的車輛，豐田汽車公司將以致用戶信的方式直接通知用戶，請用戶將車輛送往最近的豐田汽車經銷店或維修站，屆時豐田的專業維修技術人員將會在確認後，對車輛的前懸架下球頭進行無償更換。

當然，外國月亮也並非總是圓，三菱汽車就曾讓國人為之憤怒，砸大賓事件一時間也讓賓士公司灰頭土臉，後果自然是嚴重的，它們的品牌美譽度有所下降，至少三菱帕傑羅已不再讓人百分百放心，而內外有別的召回制度也讓洋品牌的推廣遭遇民族自尊心的廣泛抵抗。

第三節　客戶投訴的價格原因

那些行為屬於價格欺詐呢？有 11 種表現形式：

1. 虛假標價行為

標簽、價目表等所標示商品的品名、產地、規格、等級、質地、計價單位、價格等，或者服務的項目、收費標準等有關內容與實際不符，並以此為手段誘騙消費者或者其他經營者購買。如某髮廊標價為 250 元，結賬時實收 400 元，然後顧客才被告之洗頭另外收費。

2. 兩套價格行為

對同一商品或者服務，在同一交易場所同時使用兩種標價簽或者價目表，以低價招徠顧客並以高價進行結算的。如某商場專賣區售賣一款大衣，在櫃台的標價簽上標著 750 元，又在該件大衣上的標價簽貼著 2000 元的價格，顧客購買時按高價結算。

3. 模糊標價行為

使用欺騙性或者誤導性的語言、文字、圖片、計量單位等標價，誘導他人與其交易的。如某商場西裝專櫃，某品牌加溼機促銷傳單上黃色的「800 元」格外耀眼，一般人看了都會以為這些洗衣機的價格為每件 800 元，但仔細一看，「800 元」的前面還有「降價」兩個小字。原來這種加溼機原價 2500 元，現價為 1700 元，降了 800 元。

4. 虛誇標價行為

標示的市場最低價、出入價、批發價、特價、極品等價格表示無依據或者無從比較。如許多經營場所都打著「全市最低價」等文字進行宣傳，誤導消費者購買。

5.虛假折價行為

降價銷售所標示的折扣商品或服務，其折扣幅度與實際不符。如有的商店以「全場 1 折」的文字進行價格宣傳，但實際在全場的數百種商品中，只有少數幾種商品按 1 折銷售。

6.模糊贈售行為

採取價外饋贈方式銷售商品和提供服務時，饋贈物品的品名、數量和實際不符或饋贈物品為假劣商品。

7.隱蔽價格附加條件行為

收購、銷售商品和提供服務帶，有價格附加條件時，不標示或者含糊標示附加條件。如某商場採取購滿 100 元，贈 100 元票券的手段促銷，卻沒有事先告訴消費者這 100 元只能在另外購滿 400 元物品時才能使用，誤導消費者在商場內循環消費。

8.虛構原價行為

虛構原價，虛構降價原因，虛假優惠折價，謊稱降價或者提出提價，誘騙他人購買。如某商場以標特價每件 800 元的形式銷售某款皮鞋，售貨員介紹此種皮鞋原價為 1000 元，但卻提供不出原價為 1000 元的證據。

9.不履行價格承諾行為

收購、銷售商品和提供服務前有價格承諾，不履行或者不完全履行的。如某商店承諾，購滿 3000 元贈送一件襯衫，而當消費者購滿 300 元，售貨員卻以襯衫已送完為由拒絕贈送。

10.謊稱價格誘騙交易行為

謊稱收購、銷售價格高於或者低於其他經營者的收購、銷售價格，誘騙消費者或經營者與其進行交易。

11.質量與價格、數量與價格不符

此種類型例子就太多了，此處就不再贅述。

第四節　客戶投訴的服務原因

一、服務問題

1. 服務設施落後

服務設施是服務業的硬體形象，它是衡量服務水準的一項重要內容。例如飯店星級的評定必須要對其建築、裝潢、設備、設施、服務項目、服務水準全面考察。目前大多數百貨公司、大型超市、量販店都設有專門的停車場，一些大型百貨店和超市還融合「購物」、「休閒」、「娛樂」甚至是「餐飲」於一體，進行功能配套，內設各種特點的風味小吃、文化館、展覽廳、休閒娛樂中心等服務設施，賣場燈光明亮，陳設美觀，寬敞舒適，並留有殘障者專用通道、電梯等設施。

服務設施的落後會導致顧客的不滿，並且引發顧客投訴。例如一位顧客從老遠的地方到一家商場購物，結果卻因為商場的停車場過小而必須停到很遠的地方再步行到商場；一位母親帶著嬰兒購物卻四處找不到一輛嬰兒車，顧客能不投訴嗎？

2. 服務項目欠缺

服務項目欠缺包括常規服務項目欠缺和特殊服務項目欠缺。常規服務項目是指企業通常推出的一些服務顧客的項目，例如商場推出的寄存包、公用電話、廣播服務、開具票據等常規的服務項目，特殊服務項目是指標對特定時期、特定對象推出的特殊服務項目。例如在 2003 年「非典」時期，商場、機場、賓館等服務場所都購置紅外熱成像儀檢測體溫，發放免費口罩、定期消殺、保證通風等等對特殊事件推出的特殊服務項目；商場推出的啞語導購和殘疾人車，是為特殊對象推出的特殊服務項目。

常規的服務項目的多少及給顧客帶來的便利性是衡量企業服務水準的一個硬性標誌。就目前來說，國內零售賣場的服務項目主要停留在代開票據、包裹寄存、廣播服務等基礎服務之上，一般只有 7～8 項或 10 多項而已，但國外很多企業的服務項目高達幾十項之多。

加德維百貨大樓是世界上最著名的大型商場之一，7 層大樓，總建築面積 7 萬平方米，營業面積 4.3 萬平方米，每天接待 10 萬名顧客。加德維推出的服務項目就高達 40 項之多，其中主要包括免費送貨、皮鞋快修、刻字部、顧客衣帽存放間、自動式物品存放箱、顧客休息廳、寵物臨時照管處、代售車票、代售船票、代售飛機票、代售影劇票、急診室、工具租賃等等。

3.服務態度不佳

服務態度不佳的表現有很多，例如缺乏禮貌，不尊重顧客；語言不當，用詞不準，引起顧客誤會；企業員工有不當的身體語言，對顧客表示不屑的眼神，無所謂的手勢，面部表情僵硬；對經常性的工作感到厭煩時，對顧客的需求表現出無所謂，漠不關心或是冷淡；接待顧客時，以高姿態對待顧客，好像別人什麼都不懂；對所有顧客都採取一成不變的、機械式的服務模式，缺乏真誠、溫暖與個人關懷等等。

例如某商場服裝樓層的管理人員接到顧客洪小姐的投訴，她很憤怒地說：中午 11：00 的時候，外面下著大雨，她到本商場某專櫃選購衣服，但挑了很久也沒有選購到合適的衣服，於是準備離開。沒想到剛一轉身就聽到這個專櫃兩位導購說：「真是的，一上午沒有見到一個人，好不容易來了一個人，還是隨便看一看的。」顧客聽到這句話自尊心受到了傷害，十分生氣，便和導購員理論起來：「你以為我沒有錢嗎？我看一看不行嗎？你們專櫃擺的衣服，不就是讓顧客來看的嗎？」因對專櫃導購的行為極為不滿，隨即來到樓層管理處投訴。

4.服務作業不當

包括專業知識不夠、服務技巧不足、推銷過度和售後服務不到位等多方面的原因。例如缺少專業知識，無法回答顧客的提問或者答非所問；顧客寄放的物品有遺失或調換；抽獎及贈品等促銷作業不公平；填寫的顧客意見表未得到任何回應；顧客的投訴未能得到妥善的處理；過分誇大產品與服務的好處，引誘顧客購買，或有意設立圈套讓顧客中計，強迫顧客購買等等。另外，取消原本提供的服務項目，例如商場取消特價宣傳單的寄放、禮券的出售、兒童託管站等也是服務作業不當的主要表現。

落實客戶服務時，踢顧客皮球。對顧客的問題不積極解決，而是讓顧客去找企業的其他部門，推卸自己的責任。結果顧客被支來支去，感到疲憊不堪，而問題仍得不到解決或得不到徹底解決。有的服務人員通常對買者歡迎，對退貨者冷淡甚至是惡語傷人，或是拿出企業煩瑣的程序或規程來難為顧客，總是以「這事不歸我們負責」、「公司規定這種情況不可以退換」來搪塞。例如手機出現故障後，商家不從質量問題上找原因，往往歸咎於消費者人為造成的，從而推卸責任；遇到問題經營者與修理者互相推諉，拖延或拒絕履行三包的責任與義務，導致問題手機長時間得不到解決；有的修理者不如實填寫或不填、漏填、少填維修記錄，以逃避法律責任，致使消費者的退換權利得不到落實。

二、沒有提供令人滿意的服務

服務是相對產品質量問題的另一個容易引起客戶投訴的方面。這裏所謂的「服務」是接待客戶的「服務」。商店出售的商品屬於有形的物質，而「服務」就是軟體的「精神商品」，「服務」的好壞，對於商店的興盛與否有著極密切的關係。

服務不能令客戶滿意包括很多方面的因素，具體表現為：

沒有做到令人滿意的服務的具體表現有：

1. 服務態度不好

此類引起投訴的原因通常都是由售貨員、導購員等一些直接和客戶打交道的職工造成的。它包括以下一些方面：

⑴只顧自己聊天，不理會客戶的招呼。這樣會使客戶覺得自己受了冷落，從而喪失了購買商品的念頭。

⑵緊跟客戶，一味鼓動其購買。這樣會讓客戶覺得對方急於向自己推銷，在心理上形成一定的壓力。

⑶客戶不買時便板起面孔，甚至惡語相向。

⑷瞧不起客戶，言語中流露出蔑視的口氣。尤其是當那些衣著普通的客戶在挑選商品猶豫不決時、或試圖壓低價格時，營業員便以「買不起別買」之類的話來羞辱客戶。

2. 表現出對客戶的不信任

某女士去A書店買書，當她選書時，順手把手提包放在了書架下方的台上，剛想找書，就聽營業員很不禮貌的喊聲：「喂！您別把包兒放在書架上！」女士心中幾分不快，便問：「為什麼」營業員回答說：「萬一書架上的書少了怎麼辦？」這位女士聽後十分氣憤。

隨後，她又來到B書店。先選了幾本，但還想再選兩本。為節省時間，她拿著沒付款的書正在瀏覽之時，一位營業員過來問：「您的書交款了嗎？」女士答：「沒交，我想再買兩本，還沒選好！」營業員板著面孔說：「先去交款，如果您拿著書出了大門怎麼辦？」這位女士再也忍受不住了，因為她又一次受到了營業員的污辱。於是，她便與那位營業員大吵起來，並發誓以後絕不再進這兩家書店。

3.對挑選商品的客戶不耐煩

有的售貨員對客戶沒一點耐心，他們對客戶挑選的行為常常表現為不耐煩，甚至冷嘲熱諷，這不但會引起客戶的投訴，有時還可能引起衝突。

如某男士去商場為妻子購買洗髮液，當他按妻子的要求，請營業員遞拿某種品牌的洗髮液時，突然發現該種品牌的洗髮液有三種顏色的包裝，他不知道該買那一種。面對問詢，導購員一邊打哈欠一邊愛理不理。

4.銷售員對其他客戶的評價、議論

曉曉正在鞋架前挑鞋，忽聽一位營業員向另一位營業員說：「你看剛才那個小個兒的女的了嗎？那傢夥真有錢，在我這兒一下子就買了四雙鞋！」另一位營業員答曰：「看見了，不過她長得夠難看，再高檔的鞋穿她腳上也糟蹋了！」曉曉心想，營業員這麼缺乏修養，毫無顧忌地議論客戶，服務態度肯定也好不了，自己千萬別在這兒買東西。

第五節　客戶投訴的其他原因

一、零售商自身的管理因素

很大程度上，製造商的製造責任往往會轉嫁到零售商的管理責任上。這一問題不難理解，因為零售商的監督責任以及優劣篩選作用沒有得到認真的落實。因此，商品質量不好時，不單是製造商要負責，零售店也必須負起相應的責任。例如，我們在超級市場買到生鮮食品，經常會有標示期限過期或不新鮮的情況發生，這些都可以認為是零售業者的責任。

此外，餐飲店或小吃店的鮮度管理以及色香味的管理，也屬於這個範疇。

商品的品質標示，使用上的注意標示，通常是製造商貼在商品上的，零售商在進這些商品時應該先予以確認。

商品汙損、破裂，可以歸咎於零售商進貨時沒有詳加檢查、陳列時管理不當、出售時的疏忽。所以，這些都可以說是零售商的責任。

二、消費者自身使用因素

因消費者使用不當而使商品破損的責任，按理說應由消費者承擔，但有經驗的經營者應主動向消費者詳細介紹產品的使用方法，並力爭讓客戶瞭解和掌握。如果某些經營者在售貨時對產品有關知識介紹不詳，而導致商品出現問題，商家也應負有一定的責任。

因此，不良商品的出現，絕大部份原因應歸咎於某些經營者在進貨、陳列和售貨過程中的失誤，因此，這些經營者理應認真解決這些問題以及自身失誤而導致的客戶投訴。

三、廣告導致客戶投訴

這通常包括以下兩種情況：

一是誇大產品的價值功能，不合實際地美化產品。廠商的廣告有美化產品的傾向，尤其是那些情感訴求的廣告，極力渲染情感色彩，將商品融入優美動人的環境中，給消費者以無限的想像，使消費者一時衝動做出購買決策。

二是大力宣傳自己的售後服務而不加兌現，這有欺詐之嫌，遭到客戶批評投訴在所難免。企業在市場中常面臨這樣的兩難境地：不承諾，對消費者缺乏吸引力，得不到滿意的銷售額；承諾，提高了消費者的期望值，容易導致消費者不滿意。而許多承諾實際上也是實現不了的，例如「終身免費保修」等，廠商若要實現承諾，必須維護龐大的維修隊伍，龐大的維修隊伍的保持是需要耗費成本的，豈能「免費」。

四、導致客戶投訴的原因

1. 導致顧客投訴的原因歸納

導致顧客不滿意的原因通常會有：

· 他的期望和要求沒有得到滿足；

· 產品出現故障；

· 他之前被某人或某事(老闆、配偶、孩子、同事等)弄得心煩意亂；

- 他想找個倒楣蛋出出氣——一般來說他在生活中沒有多大權力；
- 他覺得，除非大聲嚷嚷，否則就沒人理睬；
- 他本來就是個強詞奪理、不考慮別人感受的人；
- 他心情不好，看誰都不順眼；
- 他覺得你做出的承諾沒有兌現，說到沒有做到；
- 你公司的員工誤導了他；
- 你公司的員工態度不好，不尊重他；
- 他來了半天，沒人理睬；
- 他和你或你的同事發生了爭論，並且輸了；
- 他覺得你不信任他，懷疑他；
- 他覺得你損害他的利益，導致他遭受損失；
- 你的工作效率太低，無法忍受；
- 你沒有足夠的知識來解決他的問題；
- 他毫無理由地不喜歡你的髮型、衣服、打扮等。

2.顧客投訴的原因的另一種分類

歸根到底，顧客投訴的原因可以歸納為兩種：結果不滿和過程不滿。

結果不滿是指顧客認為產品和服務沒有達到預期的目的，產生應有的利益或價值。例如購買的產品存在質量問題、短斤少兩、官司打輸了、飛機延遲、行李破損、商品以劣充好等等。結果不滿的關鍵特徵是顧客遭受了損失。

過程不滿是指顧客對在接受產品和服務的過程中感受的不滿意，如服務員言行粗魯無理、環境惡劣、送貨不及時、搬運粗暴、手續煩瑣、電話無人接聽等等。過程不滿的關鍵特徵是，最終的結果雖然符合要求，但顧客在過程中感覺受到了精神傷害。

在服務行業裏，由於服務性產品的特殊性，服務結果和服務過程相伴而生，因此結果不滿和過程不滿往往很難截然分開，而且顧客的投訴也往往對結果和過程同時不滿。

區分顧客投訴的原因，可以幫助我們採取正確的應對和補救措施，對結果不滿和過程不滿的投訴往往採取不同的處理方式。

3.識別導致顧客不滿意的又一種原因

顧客表示不滿意，是因為顧客的需求和所獲得的產品和服務之間存在著差距。SERVQUAL 是質量管理領域一個非常著名的顧客滿意測量體系，是一個評價服務質量和用來識別導致顧客不滿意原因的有效工具。它通過一系列差距來評價質量的實現程度。這些差距包括：

· 理解差距：客戶期望與管理者對客戶期望的理解之間的差距，即不能正確理解顧客的需求；

· 程序差距：目標與執行之間的差距，即雖然理解了顧客的需求，但沒有制定相應的工作流程和規範來保證滿足顧客需求；

· 行為差距：服務績效的差距，即雖然有工作流程和規範，但得不到有效執行；

· 促銷差距：實際提供的產品和對外溝通之間的差距，即顧客得到的產品質量達不到組織的宣傳和承諾的水準；

· 感受差距：顧客的期望與服務感知間的差距，即組織提供的產品質量不能被顧客完全地感受到。

這五個差距可通過「SERVQUAL」的多指標體系進行測量。「SERVQUAL」的五個指標包括。

· 有形性，即有形的設施、設備、人員和產品材料的外表；

· 可靠性，就是可靠、準確地履行服務承諾的能力；

· 回應性，幫助顧客並迅速提供產品服務的願望；
· 保證性，即員工所具有的知識、禮節以及表達出自信與可信的能力；
· 移情性，即設身處地地為顧客著想和對顧客給予特別的關注。

企業可從這五個差距中來識別顧客不滿意的原因所在，從而採取有效對策。

心得欄 --

第 3 章

處理客戶抱怨的原則

顧客在購買產品或服務時，往往有一定的期望水準，如果實際情況達不到期望水準，顧客往往會感到不滿意。如果企業的服務表現不佳或出現偏失，企業應該：分析出現偏失的原因；採取措施確保不重蹈覆轍；承擔所有責任。

第一節　顧客產生不滿的原因及應對

如果企業的服務表現不佳或出現了偏失，企業應該：分析出現失誤的原因；採取措施確保不重蹈覆轍；承擔所有責任。

不要把責任推卸給顧客，如果他們覺得自己負有部份責任，他們會退讓。反之，你若暗示他們也有責任只會使情況更糟。

顧客在購買產品或服務時，往往有一定的期望水準，如果實際情況達不到期望水準，顧客往往會感到不滿意。因此企業如果承諾過多，反而常常適得其反。應該實事求是地告訴顧客，你能做些什麼，結果將會怎樣。如果你已許諾過多，可採取以下措施：

1. 履行諾言

企業應無條件地實現所承諾的條件，這是最理想的解決方法。

2. 提供折扣

企業如果已經解決了部份問題，但仍未達到所承諾的標準時，可以退還部份款項或提供折扣。

3. 提供免費服務

免費給顧客提供另外一些服務，作為對未達標準或未達預期效果的補償。

如果顧客需要的服務超出你的能力，此時，企業應該：

1. 避免簡單說「不」

當碰到顧客要求的服務水準太高，你根本無法達到或來不及安排，或者不願意提供時，不能對顧客置之不理而不作任何解釋，最好的辦法是如實告訴顧客你的困難。當你勇於承認自己的短處時，顧客往往會讚賞你的誠實。這會使顧客更加信任你，而且也不會對你抱不切實際的期望。

2. 幫助顧客找到解決的辦法

當你沒有能力提供某些服務時，應該告訴顧客：「沒問題，雖然我們沒有這項業務，但我知道那些企業有，這是他們的名字和電話，如果他們也沒辦法，請打電話給我，我會告訴你更多的名字。」如果你不知道那家公司能提供顧客要求的服務，就對他說：「我不知道，但讓我查一查，我會免費為您找些名單。」

現在許多客戶，都希望得到一個全面解決問題的辦法。如果不能提供所需服務，他們就會轉而去找競爭對手。

總之，顧客抱怨是因為顧客感到不滿意，顧客滿意度主要涉及到兩個方面：顧客的期望值；服務人員的態度與方式。

⑴顧客對於產品或服務的期望值過高

顧客的期望對顧客對企業的產品和服務的判斷起著關鍵性的作用，顧客將他們所要的或期望的東西與他們正在購買或享受的東西進行對比，以此評價購買的價值。簡單地用公式表示：

顧客的滿意度＝顧客實際感受/顧客的期望值

一般情況下，當顧客的期望值越大時，購買產品的慾望相對就越大。但是當顧客的期望值過高時，就會使得顧客的滿意度變小，顧客的期望值低時，顧客的滿意度相對就大。因此，企業應該適度地管理顧客的期望。當期望管理失誤時，就容易導致顧客產生抱怨。管理顧客期望值的失誤主要體現在兩個方面：

①誇口承諾與過度銷售。例如，有的商場承諾顧客包退包換，但是一旦顧客提出時，總是找理由拒絕。

②隱匿信息。在廣告中過分地宣傳產品的某些性能，故意忽略一些關鍵的信息，轉移顧客的注意力。這些管理的失誤導致顧客在消費過程中有失望的感覺，因而產生抱怨。

⑵企業員工的服務態度和方式問題

企業為顧客提供的產品和服務是通過企業員工來實現的，員工缺乏正確的推銷技巧和工作態度都將導致顧客的不滿，產生抱怨。這主要表現在：

①企業員工服務態度差。不尊敬顧客，語言不當，用詞不準，引起顧客誤解。企業員工有不當的身體語言，例如對顧客表示不屑的眼神，無所謂的手勢，面部表情僵硬等。

②推銷方式和推銷的態度有問題。缺乏耐心，對顧客的提問或要求表示煩躁，不夠主動，對顧客愛理不理，獨自忙自己的事情，言語冷淡，似乎有意把顧客趕走。

③缺少專業知識，無法回答顧客的提問或者答非所問。

④誇飾推銷。過分誇大產品與服務的好處，引誘顧客購買，或有意設立圈套讓顧客中計，欺騙顧客購買。

一、處理顧客抱怨的原則

處理顧客抱怨的原則有兩條：

1. 顧客始終是對的

顧客永遠都是正確的，這是服務客戶非常重要的一個觀念。有了這種觀念，就會有平和的心態來處理顧客的抱怨，這包括有三個方面的含義：①應該認識到，有抱怨和不滿的顧客是對企業仍有期望的顧客；②對於顧客抱怨行為應該給予肯定、鼓勵和感謝；③盡可能地滿足顧客的要求。

2. 如果顧客有錯，請參照第一條原則

顧客與企業的溝通中，因為存在溝通的障礙而產生誤解，即使如此，也決不能與顧客進行爭辯。當顧客抱怨時，往往有情緒，與顧客爭辯只會使事情變得更加複雜，使顧客更加情緒化，導致事情惡化，結果是，贏得了爭辯，失去了顧客與生意。

二、正確處理顧客抱怨的策略

1. 不能忽視顧客的抱怨

當顧客投訴或抱怨時，不要忽略任何一個問題。對於顧客抱怨的重視，不僅可以增進企業與顧客之間的溝通，而且可以診斷企業內部經營與管理所存在的問題，可利用顧客的投訴與抱怨來發現企業需要改進的領域。

2.分析顧客抱怨的原因

顧客因為不同的原因而產生抱怨，處理顧客抱怨時，首先應仔細地分析顧客產生抱怨的原因。例如，一個顧客在某商場購物，對於他購買的產品基本滿意，但是他發現了一個小的問題，提出來替換，但是售貨員不太禮貌地拒絕了他，這時他開始抱怨，投訴產品質量。但是事實上，他的抱怨中更多的是售貨員服務態度問題，而不是產品質量問題。

3.正確及時地消除客戶的不滿情緒

對於顧客的不滿應該及時正確地處理。拖延時間，只會使顧客的抱怨變得越來越強烈，使顧客感到自己沒有受到足夠的重視。例如，顧客抱怨產品質量不好，企業通過調查研究，發現主要原因在於顧客的使用不當，這時應及時地通知顧客維修產品，告訴顧客正確的使用方法，而不能簡單地認為與企業無關，不加以理睬。雖然企業沒有責任，但這樣的態度也會失去顧客。如果經過調查，發現產品確實存在問題，應該給予賠償，儘快告訴顧客處理的結果。

4.把客戶的抱怨與解決情況記錄存檔

對於顧客的抱怨與解決情況，企業要做好記錄，並定期總結，發現在處理顧客抱怨中發現的問題：對產品質量問題，應該及時通知生產方；對服務態度與技巧問題，應該向管理部門提出，加強教育與培訓。這種記錄不是在商場簡單登記，而是作為系統管理的一個部份。

5.追蹤調查顧客對於抱怨處理的態度

處理完顧客的抱怨之後，應與顧客積極地溝通，瞭解顧客對於企業處理的態度和看法，增加顧客對企業的忠誠度。

三、百分百應對客戶投訴

對服務部門來說，妥善處理顧客投訴的系統和程序是在最佳的投資環境中形成的，其原因如下：

1. 在新顧客較難獲得的環境中，與現有顧客建立良好的關係是很重要的。

2. 良好的賠償制度和投訴處理能帶來額外的銷售額，並能提高公司形象。這種投資可能產生 50%～400%的投資收益，而其他投資很難達到這個數字。

3. 投訴是免費而又真實可靠的反饋信息，那些投訴的顧客能夠幫助提高服務質量。

儘管有這麼多事實，但很少有公司對於建立理想的投訴制度而做出必要的投入。許多企業對顧客的投訴總抱有一種敵視的態度。這些企業的服務部門經常由低收入、低素質的人任職。他們經常會有投訴的顧客是敵人的想法，認為「他們想從我們這裏得到點什麼好處」，使得投訴常常沒有全面正確地反饋到公司，因而公司並未對此做出改進，並且投訴也沒有被用於更新數據庫的有關資料和程序，或市場銷售和運作的反饋，從而發現問題。

由於反饋信息系統的缺乏，營銷人員不知道顧客的不滿，在問題還未得到妥善處理之前，繼續向不滿意和生氣的顧客推銷公司的產品，這使得顧客越發憤怒。結果由於記錄方法經常是流於形式、口頭上的，並且都是針對像顧客關係部門這樣的專門部門，大多數公司甚至不知道收到多少投訴，儘管處理顧客投訴這樣非正式的投訴數量上要比書面形式上的形式多成百上千倍。很少發生的表揚情況也沒有被充分利用的優勢。請記住，表揚是被用來激勵團隊的動力，並且它是將顧客同公司穩定地聯結起來的源泉。這種公司和顧客的關係通過對話可被重建。

由於所有這些原因，公司也許會嚴重地流失掉一些忠實的客戶——他們花費時間、精力、不遺餘力地以最快的速度投訴。實際上，假如你深入挖掘這些資料，那麼公司就能採用相對容易且花費不多的方法阻止顧客的流失，並且將憤怒的顧客變為公司的常客。

四、對 50%的顧客立即回覆

證據表明，最佳的商機不是取決於那些已傳達到高層管理者耳朵中的 5%的顧客投訴，而是取決於曾在公司一定部門投訴過，而又放棄的 50%的顧客。因此，最佳的回覆制度應是一個使顧客的投訴能迅速得到處理的制度，而且在第一次顧客同公司的交往中體現出來。

迪斯尼公司建立了一種對顧客投訴「馬上解決」的體系，這要求所有的員工在與顧客打交道時，公司授予他們一定的權力，並且讓他們依情況決定該怎樣做。在英國航空公司，所有員工都被賦予這樣的權力：可以自行處理價值 5000 美元以內的投訴案，並且有一個包括了 12 種可供挑選禮物的清單。

賦予一線所有人員以相同的權利去快速應對是一個重要的嘗試，為實現這一目標，許多公司已經採取了許多方法。

1. 充分授權

Grand vision 是一家光學與沖印攝影製品的公司，在 15 個國家擁有 800 間零售店。他們規定員工十大權利的一部份是「無論什麼，只要讓顧客滿意你都有權去做」。

一些公司經常擔心這樣的政策會導致濫用職權，錯誤判斷和過度消耗一線人員的精力。事實上，我發現為解決這個問題，每天首席執行官和高層管理人員都會比一線人員更加「慷慨」地同顧客打交道。一線人員是相當理智的；顧客在他們心中也是如此。因此在不存在濫用職權的情況下去嘗試這麼做是正確的，這也是大多數企業的做法。

2.限權(部份限權)

在聯邦速遞，假如出現問題，服務部門的代表將花費五百美元從而找到一個迅速有效的解決辦法。例如，經辦員工也許會派計程車去追回那些由電信系統已發送的錯誤類別的包裹、資料、錄影帶等，一旦超過 500 美元就必須由上級批准。

在 Ritz Carlton 連鎖飯店，最高限值是 2000 美元。在迪斯尼賓館中的服務人員擁有一個預先制訂的物品清單，告訴他們能做什麼，從獎賞一頓免費餐到分發一份禮物都羅列得很清楚。

這樣的政策對於那些服務一線的成交量十分可觀的大公司來說，最宜運用。

3.全面限權

在許多公司，一線員工沒有權力做任何決定。銀行正是如此：員工必須得到允許才能改變銀行做出的決定，並退款給顧客。公共機構，例如稅務署也是一樣的。假如你呼籲低值義務納稅，就不會得到一個迅速的答覆。在這樣的事例中，最重要的就是，總有一個人處在比具體解決問題的人更高的職位上，並能做出必要的決定；同樣重要的是，每個一線的職工知道並肯定有這麼一個人存在。

在大多數部門裏，無論是公共機構或是銀行，一份投訴總能引起如下對話：

「很抱歉，這是公司的決定。」

「我要見你的上司。」

「對不起，上司今天早上不在，無論如何你沒有收據是不行的。」

這種作法與 Nordstrom 的著名口號「來自顧客的要求我們全都接受」相比，形成了一個巨大的反差。這家公司的培訓手冊的副本，立刻被它吸引住了。

五、服務保證

把消除引起客戶不滿的因素制度化，是一種很好的方法。質量保修卡是服務保證的一個很好的例子，為確保成功，服務保證必須符合特定的標準。

1. 特別的：如果你的服務質量很差，你應該主動告訴你的顧客，你損害了他的利益，只有這樣你才能進步。

2. 賠償與過失相符才是有意義的。

3. 簡單易行。顧客很容易明白，沒有太多的專業生僻術語。

4. 很容易運用的。不需要證人、收據、書面報告、不需要請律師和法官。

5. 服務保證是不受限制的。沒有特殊的註解說明，沒有背書，沒有個別的情況。

這裏，不妨舉一個現實中活生生的例子。「愛眼」是一家銷售眼鏡的公司(承諾在一小時內讓你佩戴上滿意的眼鏡)，他們提供以下七點保證：

1. 如果我們一小時內不能配好您的眼鏡，我們將免費送貨到您指定的任何地方。

2. 如果您不適應我們的眼鏡(例如，眼睛晶狀體的度數增加)我們可以為您調換或退款，無論您選擇那一種方式都請在三十天之內通知我們。

3.如果您不喜歡我們的眼鏡(也許在您的同伴看過之後)，我們可以在 30 天以內調換或退款。

4.如果您不小心把它打碎了，我們可以在自配鏡之日起 12 個月內免費調換。

5.如果我們沒有您想要的類型，無論您在這個世界什麼地方見過它，我們都會在 48 小時之內為您找到它。(有些競爭者會到這裏並要求買一種競爭者自己生產的款式，這時，「愛眼」會以零售價從競爭對手那裏買到這種款式，並以原價賣給「顧客」)

6.如果您不喜歡我們現有的類型，我們會為您專門訂制。

7.最後，如果您發現與我們款式相同，價格卻便宜的眼鏡，我們還會退還差價給您。

這七條中的每一條都闡明了顧客可能發生的問題。當然公司在各個領域裏都派有專人監督，以減少這類問題發生。並且公司每年的效益增長都會超過他的競爭對手。

無論採用何種方法去糾正錯誤，處理問題的迅速及時始終是最重要的。這意味著你將不得不加強訓練一線員工去聽取顧客意見，並提供最合適的個性化的回覆。短期的迅速處理投訴的培訓和適合的角色的扮演演練也是非常有益的。

六、使 5%的顧客完全滿意

通常情況下，那些提出正式投訴的人，在寄出投訴信或打電話給顧客關係部之前，已經至少嘗試了兩次使他們的意見被聽取。他們確實想繼續與公司打交道，因此，他們堅持不懈地努力幫助公司解決問題。比起其他的 95%的顧客，他們應得到的是一種更快速、更有人情味的回覆。所謂「快」的意思，即信訪中心應在 24 小時內處理一個電話投訴，24 小時寄出寫好的投訴答謝信，一星期內對通過郵件收到的投訴做出回覆。

Ritz Carlton 飯店有一條稱作：「24/48/30」的規則。它的意思就是 24 小時內承認錯誤，48 小時內承擔責任，30 天內解決問題。

這個要訣可被理解為並非所有的 5%的顧客都有相同的期望。(就這點而言，剩下的 95%的顧客也是一樣的)，在我們對顧客的調查中，表現出堅持不懈地與顧客關係部聯繫的顧客可分為 5 類。

· 質量監督型(大約 20%～30%)

· 理智型(20%～25%)

· 談判型(30%～40%)

· 受害型(15%～20%)

· 忠實擁戴型(5%～20%)

質量監督型的顧客告訴你什麼正在變糟了，因此為了他們下次的光臨和購買，你必須改進你的服務質量；談判型的顧客想要求賠償；受害型的顧客需要同情；明智型的顧客希望他們的問題得到答覆；忠實擁戴型的顧客希望傳播他們的滿意——他們很樂意加入擁戴者俱樂部。

許多公司因為沒有認識到顧客的分類，使得顧客關係部門往往處理不好顧客的投訴。這是非常普遍的現象。我們調查了許多一流的歐洲企業，沒有一家在回覆顧客投訴時使其滿意率超過 50%的。簡言之，每一個來自顧客關係部的二次回覆，都不會讓曾經至少在三種場合下投訴過的顧客滿意。

先來看看質量監督型的投訴者。假如一個人真正地被滿足，這種回覆不應該僅僅描繪成採取措施提高質量。由於在投訴被回覆的同時，提高服務質量幾乎是不可能實現的，因此再次回信應在幾個月後送出，以確認問題得以真正解決。服務中的跟蹤回訪是使顧客滿意的更好的辦法。它包括邀請顧客參與顧客關心問題群體，小組或參觀經營場所親眼目睹改進過程或結果，這是真正讓人滿意的處理。

為使顧客滿意，你所需做的不僅是表示同情，同時也是你對這件事的充分理解。曾經有一位母親與迪斯尼聯絡，預定她與其五歲的孩子在這裏呆三天三夜。不幸的是在一天後這孩子病了，並不得不被送進附近的醫院。在平安到家後，這位母親寫信致謝，讚揚迪斯尼的員工盡心盡力地幫助她(對迪斯尼來說，最好的回覆是派一位迪斯尼人物去慰問這個孩子，最差的回覆是寄給這位母親一張費用收據)。迪斯尼公司回覆了一張落款是米妮和米奇的明信片並配以私人聯絡地址。這讓母親和孩子更高興了，接著又寄出了第二封熱情洋溢的感謝信。

諸如這樣個性化的交流，需要公司花費大量的投資，以培訓顧客關係部門的員工及提供現代化的信息技術。在花王公司——一家日本的化妝品和家庭用品公司，所有負責處理顧客關係的員工都是大學畢業生，並要經過三個月的培訓，其中包括在商店裏銷售商品。信息技術的應用為員工在最短時間內答覆最多的問題提供了必要的條件。

英國航空公司的關心顧客制度包括了 500 萬元的前期投資，每個員工都有兩個電腦螢幕，一個用來顯示投訴信件，另一個則羅列出賠償補救的各種措施；關於顧客的記錄、預定、運作系統在螢幕上也一目了然。在花王公司，每位營銷代表面前都有三台電腦，第一個螢幕是賠償系統，提供了現時的商品、廣告、銷售信息。(在什麼地方？什麼產品？存在什麼問題？)第二個螢幕羅列了一系列問題，在第三個螢幕上可找到相應的答案。

第二節　處理客戶抱怨的原則

一、迅速處理是原則

投訴處理以迅速為本，因為時間拖得越久越會激發投訴客戶的憤怒，同時也會使他們的想法變得頑固而不易解決。因此面對投訴應立刻採取行動解決問題。

如：一個炎熱的夏天，家裏的小孩生了病，要洗的衣服堆積如山，洗衣機卻在這個時候壞了，心急如焚的主婦打電話給洗衣機的製造商，讓他們儘快來修理。

製造洗衣機的廠家職員雖然表示會馬上過去看看，不過他還要請示一下相關的負責人，所以請她耐心等待，並表示因人手緊張所以無法在一天內派人修理。

那位主婦很著急，於是就打電話到住家附近的電器行，詢問他們能不能代為修理別家公司的產品。接電話的電器行老闆在接完電話的十分鐘後，立即將自己家裏的洗衣機送到那位主婦的家中。那位主婦對這位迅速處理了這件事的老闆很感謝。此後，任何家電用品她都會在這位老闆的店裏購買。

事實上，客戶對於某方面的問題，常常會要求商家儘快處理，他們會說：「趕快過來」、「儘快幫我修好」等等。這裏的「趕快」比任何處理方式更能贏得客戶的好感，同時也能取得他們的歡心。迅速是在處理客戶問題時最基本也是最重要的原則。

如果說商家偶爾犯錯可以原諒的話，那麼及時處理則是這一錯誤可以原諒的基礎。的確，商家不可能不犯錯，但若這種錯誤得不到及時有效的糾正，在客戶看來，則是對錯誤本身和客戶都持不夠重視的態度，這種態度只會進一步激怒客戶，使客戶對商家徹底地失去信心，有時候甚至可能引發各種糾紛或衝突。

某著名的樂器店主任對投訴的處理很拿手，幾乎所有經過他處理的投訴，都能完美地得到解決。這位主任處理投訴的秘訣就是一旦聽到投訴，立刻去客戶家裏拜訪並做出迅速的處理。實踐證明這個方法是最實用，也是最高明的方法。

需要注意的是，在處理客戶投訴時並非僅去拉攏客戶以收拾事態，而應以發自內心的誠意去交談，以客戶能接受的方式去處理，並求得客戶對事情的理解。

在處理客戶抱怨的問題上，時間拖得越長，客戶的抱怨不但不會漸漸消減，反而會越積越大，處理起來也更加棘手。因此，在處理客戶抱怨時，要預作「速戰速決」的準備，就越可能妥善地化解抱怨。

遲滯的反應和傲慢的態度不僅會加重客戶的焦慮和不安，使其不滿情緒升級，而且暴露了企業以自我為中心、無視客戶感受和利益的立場，這無疑會加大後續工作的難度，並且嚴重損害補救的效果。

二、以誠相待是根本

歸根結底，處理客戶投訴的目的是為了獲得客戶的理解和再度信任，這就要求商家在處理客戶投訴時必須堅持「以誠相待」的原則。自古以來，人和人的來往接觸、客戶和商家的信賴關係等，都是在「誠意」的基礎上建立起來的。

投訴的客戶中有些是情緒上的衝突，有些則是要求金錢或物質方面的賠償。當然，有時候也可能產生想要好好整一下對方的心態，並借著投訴的名義來進行「敲詐」、「勒索」，而且這樣的情形不在少數。對於這樣的客戶，如果讓他們覺得「這個公司很不誠實」、「我感覺不到他們的誠意及熱忱」那就完了。所謂「完了」就是指自此以後不用再交涉了，因為結果多半是通過法律途徑解決糾紛。

處理投訴的時候，如果不能給人以誠懇真摯的感受，其結果基本上都無法解決客戶的投訴。如果在能力許可的情況下，拖延解決問題的時間，那麼即使眼前的問題解決了，日後雙方仍無法有融洽的關係。

但在此需要強調的是，誠實地解決問題並不是唯命是從，而是要先自問，「我方錯在那裏」，如果真的有錯誤，那麼就應當想一下該如何處理。然而，「誠意」兩字說起來很簡單，但實際做起來就不那麼容易了，它要求你不但要有超強的意志，還要有犧牲自我的精神去迎合對方，推薦一些他們希望或喜歡的產品。

下面就是一個非常精彩的例子(一位客戶的自述)：

因為颱風雨馬上就要到來了，在檢查家裏的備用品時，我發現手電筒的電池沒電了。為了做好萬全準備，我親自去電器行一趟，順便買了錄音帶之類的雜物。但當我回到家裏打開購物袋時，卻發現電池竟不在裏面，於是我打電話給那家店，接電話的是女營業員，她很公式化地對我說：「你再次來的時候再補給你好了。」便掛上電話。「但是我今晚就要用啊！」我叫著，然後氣憤地掛了電話。風雨越來越大了，我開始擔心如果停電，或是要避難時該怎麼辦。這時門鈴響了，是誰在這個時候來？

我一開門便十分驚訝，原來是那家電器行的老闆，他的頭髮都濕透了，在這樣糟糕的天氣他竟然冒雨前來把電池送給我，當時我雖然覺得他的舉動愚蠢，但卻十分感動。後來每當我提起這件事時，老闆都笑著阻止我不要再說了。從那之後，即使看到其他店的打折宣傳，我仍然堅持做這家店的忠實客戶。

上例中老闆的做法可能很多人會認為是吃了大虧的。的確，冒雨送電池，誰也不屑去做這樣的小事，不肯吃這個虧的，但人們常說「吃虧就是佔便宜」、「有捨才有得」，那些會投訴的客戶其實是非常重要的客戶。如果那位電器店的老闆沒有這麼做的話，這名客戶在投訴完了以後，可能就不會再去那家店了，因此那位老闆這麼做很值得。

「誠意」是處理客戶投訴時的必備條件，它絕對是基本中的基本。或許有人會反駁說，「誠意」僅是在講公民與道德課時才會舉出的道德準則，「現在還談什麼誠意」、「市場上，金錢就是一切」。在日常經營活動中我們總會碰到類似辜負對方期待、說謊騙人等令人不愉快的行為，他們雖然獲得了暫時的利益，但從此也失去了很多客戶。另外，如果客戶感覺到你在處理投訴時是「沒有誠意的敷衍」，他們不僅下次不會再來，而且還可能在外大肆宣傳你的服務不週，從而你做生意的聲譽。

「誠意」是打動各種各樣客戶的法寶。準備以發動人的企業通常都能在客戶抱怨處理中取得良好的效果。

一次，一位名叫羅絲的美國記者，來到日本東京的奧達克百貨公司，她買了一台「新力」牌唱機，準備作為見面禮，送給住在東京的婆家，售貨員彬彬有禮，特地為她挑了一台未啓封的機子。

回到東京，羅絲開機試用時，卻發現該機沒有裝內件，根本就無法使用。她不由得火冒三丈，準備第二天一早就去奧達克交涉，並迅速寫好一篇新聞稿，題目是《笑臉背後的真面目》，準備第二天送報社。

第二天一早，羅絲在動身之前，忽然收到奧達克打來的道歉電話。50 分鐘以後，一輛汽車趕到她的住處。從車上跳下奧達克的副經理和提著大皮箱的職員，兩人一進客廳便俯首鞠躬，表示特來請罪。他們除了送來一台新的合格的唱機外，又加送蛋糕一盒、毛巾一套和著名唱片一張。

接著，副經理又打開記事簿，宣讀了一份備忘錄。上面記載著公司通宵達旦地糾正這一錯失的全部經過。

原來，昨天下午 4 時 30 分清點商品時，售貨員發現錯將一個空心貨樣賣給了客戶。她立即報告公司警衛迅速尋找，但為時已遲。此事非同小可，經理接到報告後，馬上召集有關人員商議。

當時，只有兩條線索可循，即客戶的名字和她留下的一張「美國快遞公司」的名片，據此，奧達克公司連夜開始了一連串無異於大海撈針的行動：打了 32 次緊急電話，向東京各大賓館查詢，但都沒有結果。

再打電話問紐約「美國快遞公司」總部，深夜接到回電，得知客戶在美國父母的電話號碼。接著又打電話去美國，得知客戶在東京婆家的電話號碼。終於弄清了這位客戶在東京期間的住址和電話。這期間他們所打的緊急電話，合計 35 次。

這一切使羅絲深受感動。她立即重寫了新聞稿，題目叫做：35 次緊急電話。

三、如果沒有誠意就沒有信賴

面對因為情緒的衝突而不滿的客戶，唯有誠心誠意全力補救，才能化解彼此之間的敵意。

然而，「誠意」說來簡單，做起來卻是有困難的，它要求你不但要有超強的意志，還要不惜犧牲自身的利益，總之，要竭盡所能，去重新爭取客戶的信任與好感。

有一點必須注意，企業在處理客戶抱怨方面的工作必須落到實處，一味標榜是極傷害客戶情緒的，例如：當一家公司驕傲地向人們宣佈他們為客戶設計的熱線電話諮詢、求助、投訴專線是多麼的快速和熱情後，許多客戶受到媒體宣傳的影響和一些口碑的鼓勵，決定親身來體驗這一切，結果卻意外發現熱線電話那邊的出現一遍又一遍的「話務員正忙，請稍候」的聲音，然後就是一陣又一陣的單調的音樂；或者剛剛接通電話還沒有說完，就意外斷線了，然後就費了半天勁也沒有撥通電話時。

當你到一家連鎖店購買了一些日用品後，卻意外地發現了一些用品的質量問題，然後你得知這家連鎖店有很寬鬆的退貨處理時，你是懷著很興奮的心情去的，結果在退貨處理櫃台前，這些處理退貨的人員都板著一張臉，好像對消費者的退貨行為懷恨在心一樣，而且在處理過程中不時中斷手中的活，去管一下其他的事情。更令你氣憤的是，他們對其他的不是辦理退貨的人一臉微笑，轉過頭對你時，又是「橫眉冷對千夫指」的作派時，憤怒可想而知，對企業的信任將被破壞無疑。

如果目的只是要解決顧客的投訴，那麼可以就事論事地解決問題，這種方式也許奏效。但如果想讓難纏的顧客成為夥伴，就得表現出人情化的一面。

為了表示真誠，問顧客：「怎麼稱呼您？」之前先要告訴對方自己的稱呼。顧客知道了對方姓甚名誰，心裏就會有種安全感，出了問題可以找對方。最好能給顧客留下名片，讓顧客對你的情況有更多的瞭解，以備今後及時反饋信息。而且，雙方交換了姓名之後，就初步相識了，雙方可以通過進一步交談成為夥伴或朋友。人是講感情的，我們不是要和機器或企業建立夥伴關係，而是要和我們所熟悉的某個人建立夥伴關係。

如果顧客說了什麼損人的話，令你很傷心，可以告訴他們你很難過。如果不知道下一步該怎麼辦，就在顧客面前虛心承認：「我把自己搞糊塗了！我不知道該怎麼做，不過我會理清頭緒的。」讓顧客有機會知道，跟他打交道的也是人，不是機器，容不得他想罵就罵，想打就打。實際上，顧客並不希望你是萬事通，對每件事情都非常精通，但他希望能優先考慮到他。

如果要向顧客道歉，態度一定要真誠。顧客經常覺得對方的致歉毫無誠意，不過是應付他們。這是一種自我防禦的本能。

要讓「對不起」真正發揮作用，就要告訴顧客：企業在管理方面還不到位，請包涵。你有什麼事可以直接找我，只要能做到，我一定盡力。我們是朋友，凡事都好商量。順便說一下，懇請他們再次惠顧也是個好辦法。

步調一致的意思是與別人保持一致，即通過別人的行為來調整自己，這樣別人看到的是他們自己的影子。與對方保持一致能夠創造親密感，創造和諧的關係。當人們置身於和諧寬鬆的人際環境中時，就會比較寬容，容易接受別人。

一般來說，心情好的時候和對方保持一致是很容易的事。很多顧客從服務人員那裏連個笑臉也休想得到，在顧客投訴時，服務人員聽也不聽。當情緒沮喪或勞累過度時，要做出一副高高興興的樣子的確非常困難。如果一線員工對顧客態度不好，那麼管理者必須分清原因，考慮是否減輕員工的工作負擔，適當修改規章制度，讓一線員工輕鬆自如地面對顧客，為顧客提供熱情週到的服務。

對於心煩意亂的顧客生氣時，可以表示很理解對方。試想，對方在生氣，卻有人不識相地對他傻笑，會讓他更氣憤。有時候對方情緒不佳，但要與他溝通也不難，只需三言兩語就行。例如，「先生，您看上去有心事。我能幫您什麼忙嗎？」這樣的說法就能恰到好處地反映出對方的情緒狀態。一般而言，迅速的反應能幫助儘快擺脫糟糕的情緒，所以要儘快地切入問題的核心。

有些公司規定了一套固定的程序，要求員工詢問顧客的姓名、地址、電話號碼等等。但遇到憤怒的顧客時，等他們消消氣後再問也不遲。要不他們會產生抵觸情緒：「我的電話號碼和我姓什麼跟你有什麼關係？我只要你解決我的問題！現在就解決！」要安撫這些正在氣頭上的顧客，就得針對其問題迅速做出答覆，可以向他徵求意見，例如，顧客需要什麼樣的答覆才會覺得滿意。

有時候服務人員必須同時迎合好幾位顧客。假如有好多人排隊等著服務，誰都希望趕快輪到自己，這時說話就應當注意了，不要只顧著和站在面前的人講話，而冷落了其他的顧客。可以擡起頭對隊伍裏所有的人說話，全面照顧到每個人的情緒。還可以輔以眼神的交流，迅速的眼神接觸其實是告訴顧客：「我知道你們在那裏等待，我正在努力，以便儘快為你們提供幫助。」

四、積極面對

有時，企業無視客戶的抱怨，等待問題自動解決，將客戶的不滿拋到腦後，只拆開有「第二次通知」字樣的信箋，結果，有些問題真的自動解決了，但同時，客戶也「自動解決」了。

比利先生很喜歡京都，所以每一年都帶家人去京都很多次。而他們到京都時，通常住在設備和服務都不錯的某家旅館。幾年前，比利先生申請了一張貴賓卡，住宿的費用便宜了一成。若是到京都以外的地方去，他也會住在這家的旅館的連鎖店。

一年前，他去名古屋，住在分店，結果把眼鏡落在旅館房間內。等到他發現時，已經是三天後的事了。後來比利先生到處尋找，才想到是放在名古屋那家旅館。於是打電話過去，終於找到。

比利先生雖然覺得遺落眼鏡主要責任方是自己，但也有些不滿，因為旅館方面沒通知他。不得已，只好請旅館人員寄還給他。

幾天後，眼鏡被寄回來了，包裹內除了眼鏡外，還附有一張要求寄送 600 日元郵費的信。

比利先生把 600 日元放在信封中，並寄了一封信給該旅館的工作人員，信上寫著：「前些日子我到貴旅館住宿時發現房間內設有優待券，而我擁有貴賓卡卻只能優待 1 成，這不是很矛盾嗎？」

可是，信寄出去就石沉大海了，旅館方面根本不理會比利先生的投訴。比利先生原本想再寫一次信去質問，但是覺得麻煩，於是從此不再去那家旅館去住宿。

旅館迴避比利先生的問題，逃避應負的責任，把「不聞不問」的「冷處理」方式作為化解抱怨的「絕招」，以為只要不張揚出去，時間會自然撫平客戶的不滿。

在這個例子裏，時間真的撫平了客戶的不滿嗎？恰恰相反，「冷處理」的結果是使企業失去了一位老客戶。對於客戶的抱怨，無論大小，都必須慎重地加以處置。因為客戶之所以對企業提出不滿，表示他們重視企業。當該企業對他們的意見未予重視甚至不理不睬時，客戶的不滿會不斷累積並最終離企業而去。

美國民航業在 1990～1993 年間損失了 40 億美元，而西南航空公司在此期間卻創造了大量的利潤。自從 1978 年的《航空管制解除法》頒佈以來，持續的運費價格戰和白熱化的激烈競爭已經導致該行業的競爭環境變得異常動蕩不安。在解除航空管制之後，政府已經不再決定航空公司必須飛那條航線，以及必須為那座城市提供航空服務。現在，服務的收費水準以及所提供的服務本身都是通過競爭力量決定的。這對該行業的衝擊是非常巨大的。僅 1991 年一年，就有三家航空公司遭到了破產和被清算的命運，不僅如此，在 1992 年年初，環球航空公司也不得不向其債權人尋求保護。只有數量非常有限的航空公司如西南航空公司、美洲航空公司等得以增長性地進入 90 年代。

1994 年時，美國民航業的年收入水準總共才只有 1 億美元。而西南航空公司的年收入卻高達 1.79 億美元，同時其運營成本也達到了每公里 7 美分這一行業最低水準。在過去的十年中，一共僱用了將近 2.6 萬名員工的西南航空公司的收益增長了 388%，淨收入增長了 1490%。公司連續 31 年盈利，1972～2001 年間股票投資者的最佳總回報超過 300 倍(超過所有其他股票的表現)，公司市值比美國其他所有航空公司市值的總和還高。

航空業是一個資本密集型的行業，用在飛機上的費用數量是十分巨大的。另外，航空公司還必須提供超級的顧客服務。航班延遲、行李丟失、超額定票、航班取消以及不能為乘客提供優質服務的員工等情況，都會使乘客迅速疏遠某個航空公司。西南航空公司成功的主要因素對有些企業來講，「以顧客為中心」只不過是一句口號而已。然而在西南航空公司，這卻是一個每天都在追求的目標。例如，西南航空公司的員工對顧客的投訴所作出的反應是非常迅速的：有 5 名每週需要通過飛機通勤到外州醫學院上學的學生告訴西南航空公司說，對他們來說最方便的那個航班卻總是使他們每次要遲到 15 分鐘。而為了適應這些學生的需要，西南航空公司把航班的起飛時間提前了整整一刻鐘。

西南航空公司是一家圍繞全面質量管理目標來構造企業以及企業文化的組織。對於西南航空公司的全體員工們(包括首席執行官赫本· 凱勒)來說，以顧客為中心、僱員參與和授權、持續改善等等已經不是一句停留在口頭上的話而已。實際上，凱勒甚至徵集了一些乘客來幫助公司強化顧客驅動型的文化。一些經常搭乘航班的乘客被邀請來，協助公司的人事管理者們對申請成為空中服務人員的候選者們進行面試和挑選工作。公司還建立了一些專門的工作小組，來幫助公司考察顧客對於公司所提供的新服務所作出的反應，並且提出改進當前服務的新思路。此外，每週大約還會有1000名左右的顧客給公司寫信，而這些人一般會在四週之內得到公司的單獨反饋。西南航空公司經常成為美國交通部的三維皇冠獎(Triple Crown Award)獲得者——即準時績效最高、行李處理最好以及顧客投訴最少的航空公司。

西南航空公司的成功是由外部因素和內部因素共同促成的。外部因素包括燃油價格的下降和經濟的強勁增長等，而內部因素則包括航線管理系統的設計、電腦化訂票系統的建立，以及擁有一支工作動機強烈的高素質員工隊伍等。在關於什麼才是西南航空公司競爭力的所在這一核心問題的爭論中，西南航空公司認為，機器和其他一些實物並不是西南航空的成功所在，才智、熱情、精神和情操才是公司鶴立雞群的根本。雖然許多航空公司想模仿我們，但都無法複製西南航空公司員工的精神、團結，「我們能做」的態度和無比的集體榮譽感。如果要歸納成功原因的話，那就是：只做你擅長的事；把事情簡單化；使票價和成本降低；把客戶當賓客；永不停息和僱用優秀的員工。

五、換位思考是關鍵

也許沒有投訴是買賣雙方都非常希望的事情。但有時候，投訴的確是無法避免的。在投訴無法避免的情況下，身為商家，必須站在客戶的立場上考慮問題。這一原則性要求是商家對投訴有效處理的先決條件。

從某種程度上來說，客戶投訴一旦產生，客戶的心理自然會強烈認為自己是對的，並會要求店家賠償等值商品或者道歉。但身為賣方，通常會將投訴不合理化，儘量把損失壓至最低。基於兩者各自的立場，彼此往往互相較勁都不肯退讓。但是對於交易賣方來說，和客戶爭吵是一點好處也沒有的，即使贏了，客戶也不會再來第二次。

因此，在與客戶交涉時，一定要避免爭吵，為不使客戶產生厭惡情緒，一定要站在客戶的立場來考慮問題：「如果我是客戶，我會怎麼做？會不會也提出不滿呢？」

這就好像你在開車的時候，會覺得騎自行車的人和行人都不遵守交通規則，但是當你走在街上，你又會覺得那些開車的人真是不懂規矩。這是因為角色轉換之後，想法和看法就會有很大的轉變。不可思議的是，很多人，雖然長久地與客戶打交道，卻從來沒有站在客戶的立場上想過諸如在銷售中遇到的問題，銷售人員只知道客戶藉口、異議、投訴太多，可從來沒有關心和瞭解過客戶，從心理上與之進行深入地溝通。

有位客戶在喝牛奶時，從吸管裏吸出了一小塊碎玻璃，於是怒氣衝衝地直奔牛奶公司去投訴。他認為這不僅是為了自己一個人，更是為了該廠的廣大訂奶用戶，有必要責成牛奶公司承擔起相應的社會責任。他在路上邊走邊打腹稿，並想好了不少尖刻的話語。他甚至還想到，如果牛奶公司不服或者態度惡劣，那就把此事向新聞界揭發披露，或者找消費者協會投訴。他一到牛奶公司，當著接待人員的面，毫不客氣地批評道：「你們難道就只顧賺錢，把客戶的健康置之不顧？」「你們考慮過沒有，這些碎玻璃一旦喝進肚子裏會傷人命的！」公司負責接待的公關小姐聽到這裏，並沒有惱怒於色，以牙還牙與之爭辯，相反卻是異常關切地問他：「那碎玻璃是否傷著您了？舌頭喉嚨有沒有事？現在是否有必要上一趟醫院請大夫檢查檢查？」

當得知客戶未受到傷害之後，接待人員才轉憂為喜，並接著說：「那真是不幸中的大幸，要是年邁的老人或小孩子喝到這瓶牛奶，後果真是不堪設想啊！」

在銷售中，投訴又與異議不盡相同，它們之間有著明顯的區別。異議通常由當事人以一定產品為背景材料，經過思考並用論理的方式表達出來，而大多數客戶的投訴往往以某種情緒為背景，對銷售人員一古腦兒發洩出來。因此，對待投訴不能完全採用解決異議的辦法，必須另擇良策，另開思路。正確對待和有效處理客戶投訴的又一基本方法，就是銷售人員設身處地為客戶著想，站在客戶的立場上看待客戶的投訴。

投訴對銷售的危害性很大，它給客戶以極大的消極心理刺激，使客戶在認識上和感情上與銷售一方產生對抗。一個客戶的嗔怪可以影響到一大片客戶，他的尖刻評價比廣告宣傳更具權威性。投訴直接危害產品與推銷企業的形象，威脅著銷售人員的個人信譽，也阻礙著銷售工作的深入與消費市場的拓展，對此千萬不能掉以輕心。

不少銷售人員把客戶的投訴視為小題大作，無理取鬧，這是由於銷售人員僅僅把自己作為一個旁觀者來看待。例如交貨期限比計劃遲了一天時間，從銷售人員的立場來看，認為區區小事一樁，也許根本沒那麼嚴重，但對客戶來說則是一件大事，遲到的交貨會把一個週密安排的計劃打亂。假如銷售一方事先不瞭解真實情況，甚至當著客戶的面說什麼「有什麼可值得大驚小怪的？」「不就是一件小事嗎？何足掛齒？」「問題不會如此嚴重吧？」這樣一番對待客戶投訴的話，對方一定會火上加油，當場與你爭執起來，導致雙方反目。銷售實踐證明，只有站在客戶的立場上看待客戶的投訴，才能更好地理解客戶投訴的重要性，積極採取有效措施予以妥善處理。

一般地說，任何人在情緒發洩之後，常常會變得更有理性。引導和幫助客戶發洩內心感受，正是處理客戶投訴的有效方式。一個成熟老練的銷售人員，遇有投訴上門，不僅不予阻攔，反而會極力控制住自己，靜靜傾聽對方的盡情傾訴，讓客戶痛痛快快地發一頓牢騷，直到客戶將心中的不滿與怨憤吐淨為止。正因為如此，專家們認為，銷售單位最好設專人負責處理客戶的投訴，並佈置一個專門的接待室，在環境安排上也要儘量給投訴者一種親切感、輕鬆感，並建議負責這項工作的接待人員學會微笑，因為微笑的面孔會使暴怒的投訴者趨於平靜。相反，客戶如果心中有怨言卻得不到發洩，那對於銷售人員及其所銷售的產品、企業是極其危險的，因為客戶儘管不向你提出投訴，但他再也不願向你訂貨。不僅如此，有的客戶還會把投訴向別人到處訴說，形成對企業不利的公眾輿論壓力。因此，銷售人員最明智的辦法就是為客戶的投訴提供便利條件，使有怨言的客戶有地可訴，避免投訴四處傳播。如果銷售人員及其企業對客戶的投訴置之不理或漠然處之，那麼客戶的不滿將會愈演愈烈，最終造成難以收拾的局面。

六、平息顧客的怒氣是難點

先要平息顧客的怒火，我們可以借鑑武術裏的合氣道的原理來處理顧客憤怒。合氣道大師從不與對手的力量硬碰硬，而是巧妙地躲開對手的千鈞之力。如果企業的員工能運用這種方式來處理顧客發怒的尷尬局面，就會掙脫個人情緒的影響，平心靜氣地對待憤怒的顧客，圓滿地解決問題。但是，平心靜氣並不是說無動於衷，而是說不要被顧客激怒，要始終保持理智和冷靜。

如果處理得當，憤怒的人會逐漸平靜下來。但是如果有人火上澆油，或有人企圖控制他們，或對他們粗暴無禮，他們的脾氣就越來越大，不鬧個天翻地覆決不會停止。我們當然不希望事情發展到這種地步。最好是運用合氣道的方法，順著顧客的脾氣，轉移他們的怒氣。

憤怒是一種非常強烈的情緒，它使顧客的行為變得情緒化，甚至不顧後果，而且與我們的希望背道而馳。這時，我們就要幫助顧客將這種失控的情緒轉移過來，讓他平靜下來，再給他一個完美的答覆，讓他滿意而歸。

為了進一步瞭解顧客的心理過程，我們可以把顧客的憤怒劃分為 5 個階段：否定，震驚，責怪(自己或他人)，討價還價，最後才是接受事實。這個過程有點類似於悲傷的過程。

有時候我們控制對方怒火的方法不靈是很容易解釋的。原來，我們一心想跳過某些階段，直奔主題，但憤怒的顧客才不會這樣，他們一旦發怒，就得經過幾個階段才能平靜下來，就像傷心的人總會經歷漫長曲折的心路歷程一樣。憤怒的顧客處在否定和責怪的階段時，根本不講理性，說話做事都不考慮後果；只有到了討價還價階段，憤怒的顧客才會漸漸恢復理性。而要理清整件事情的頭緒，得耐心等到接受事實的階段。不要急於求成，要按照顧客的心理發展過程，給他們創造一個發洩的機會，讓他們釋放怒氣之後的溝通才比較容易進行。

處理顧客憤怒的第一步就是耐心、專心地聽完顧客的話，不要打斷或插話，否則會使已很緊張的局面再度惡化。既然他們有話要說，那就讓他們把話說完，也好立刻著手解決問題。如果實在憋不住非要說點什麼，最好是順著顧客的話來說，幫他順氣。

這時我們的一言一行都得掌握好分寸，稍有不慎就惹來更大的麻煩。這裏介紹一些非常實用的技巧。其中之一就是關注顧客憤怒的本身，而不是他惱怒的語言。顧客也許會氣咻咻地厲聲質問：「你們是從什麼時候開始把顧客當狗來對待的？」這話很明顯是在尋釁，想大吵一架。回答時可得非常小心點，可以禮貌地說：「我們得罪了您，真是很抱歉。」

提問有助於讓人們擺脫情緒化辦事，使思維逐步轉向。一般而言，憤怒的顧客在被連問三個問題後就會恢復理智。例如在高速公路上行駛時，被巡邏的交警攔住，交警一開頭最常見的問題是：「知道為什麼攔你嗎？」警察這樣問自有其道理，他可以根據對方的回答來決定下一步做什麼。如果對方回答說。「當然知道，因為你們閑得沒事幹，就會到處找茬唄。」

警察就知道這個傢夥不好對付，必須靈活地採取行動。如果對方問：「怎麼了？我超速了嗎？」警察就可以按老辦法提第二個問題：「可以看看你的駕照嗎？」最後問第三個問題：「你的行車證呢？」

如果想在提問技巧方面做到精益求精，就必須多進行一些情景練習，邊練邊想怎樣向憤怒的顧客提問最得體。一個問題可以多準備幾種提法，一個不奏效，再試試其他的。我們必須確保所提的問題不至於進一步激怒顧客，而且問題必須有意義，使情況往好的方向發展。切記我們的提問要有助於消除顧客的怒氣。

七、表示善意是戰略

客戶是上帝，當然總是有理的，許多新銷售員難以接受這個觀點，他們認為這不符合事實，人無完人，客戶也會犯這樣或那樣的錯誤，並不見得事事處處都是有理的。如果從探求真理的角度來看問題，上述見解當然無可非議。可是，銷售不是澄清是非的講座會，銷售的目的不在於辯明誰對誰錯，在客戶面前，銷售人員的工作是提供商品，滿足需求。因此，客戶是銷售工作中的中心人物，「客戶就是上帝」、「客戶永遠是對的」。客戶的一切意見和建議都應該成為推銷活動的行動指標，賣方為買方服務，銷售隨購買而變化。從這一看法去衡量，客戶當然總是有理的。

在銷售中，認為客戶總是有理的，並不是說在銷售中客戶總是正確的，這是兩個不同的概念。其實，一個人不可能永遠是正確的，在實際洽談過程中，有些客戶的投訴往往是錯誤的，但即使是錯誤的意見，也並非說客戶不能投訴，內容的錯誤不等於行動上的錯誤。試想一下，在為了滿足需求的前提下，誰最有理由投訴其需求沒有得到充分滿足呢？當然是客戶。作為購買者的客戶完全有理由提出投訴，那怕他們的投訴並不那麼正確。不管是大交易還是小買賣，只要把客戶的需求作為基點，把銷售者的工作作為變點，一切矛盾都容易解開。順著這一思路，就不會在購銷洽談中窩著冤枉氣，尋辯真理究竟在誰手裏，比試一番誰強誰弱。客戶總是有理的，這是銷售人員對待和處理客戶投訴的出發點。

基於這樣的現實，對於客戶提出的投訴，銷售員不能逃避，更不能感到厭煩，而應表示竭誠的歡迎。要記住客戶的投訴是最佳的情報資料，即使花代價也值得。

認為客戶總是有理的，不等於承認銷售者沒有理，作為銷售人員完全沒有必要感到因自尊心受損而擡不起頭來，或者千方百計地尋求反駁對方的機會，以證實客戶投訴的謬誤所在；同樣，唯唯諾諾地聽著或忍氣吞聲地低頭認罪，也會引起客戶更多的不滿，反而把事情搞得更糟。與此不同，認為客戶總是有理的，可以使客戶感到銷售人員與自己站在一邊，從而消除內心情感上的對立和隔閡，促使客戶在洽談中採取合作的態度，共同探討解決面臨的問題。例如在討價還價時，客戶大聲抗爭，為的是讓別人聽取他們的意見，如果銷售一方做出會意的舉動和理解的表示，客人便會冷靜下來，採取更加友善的態度與合作的意向，努力促使交易成功。

八、言行有理是重點

經驗告訴我們，如果能恰如其分地遣詞造句和見機行事，就可以跟任何人談任何事情。在與憤怒的顧客打交道時，這一點尤為重要。

讓我們來觀察一下航空公司的空中服務人員。很少看到他們對乘客發號施令。他們不會開口就語氣生硬地說：「你必須……」「你一定要……」而常常和顏悅色地說：「我需要……」或「我們需要……」然後才委婉地說出他們想做什麼。他們的言行就很得體。乘客憋在狹小的空間裏心情本來就很煩躁，他們可不想激怒乘客。空中小姐對乘客說：「如果您願意坐在位子上等候……」等，這種客氣話乘客聽了感覺非常好，他們會很合作，決不會作對。

千萬不要說：「小姐，如果你不這樣照辦……我就……(先生，如果你不……我就沒法幫你)；這位女士，你必須……(先生，我們必須照章辦事……)」

當顧客的所作所為讓員工感到焦頭爛額的時候，員工往往會忍不住想濫用一下手中這點小權力，給顧客一點顏色看看。畢竟，顧客想要的東西掌握在員工手裏，至少目前還是這樣。但要一定記住，顧客身上也有我們想要的──顧客的長期惠顧。我們聽過很多服務人員硬邦邦地扔給顧客一句：「是你錯了。」姑且不論誰對誰錯，即使是顧客的錯，也不該這麼說，因為這樣讓顧客很沒面子。

不要輕易對顧客說「不」，顧客可不買賬。「不行，我們今天沒辦法給你做。」這話會讓顧客覺得在拒絕他。「我們可以在明天為您辦理這事。」這就好多了。「不，絕對不可能。」這話說得太絕對了，不給顧客一點餘地，也就是不給自己餘地。不如說：「讓我想想，有沒有辦法做到。」說話總要留餘地，這樣說聽起來感覺就好多了。

要消除憤怒的顧客的敵意，就得設法讓他們變得友好，願意合作。夥伴關係能使顧客的投訴得到平息。這裏的困難指的是妨礙顧客滿意的任何事物。

要想與顧客建立夥伴關係，關鍵還是在「你一言我一語」的學問中，舉例說明如下：

「我理解您的心情，但我很樂意與您共同努力來解決這個問題……」

「讓我們好好想想，我們該怎麼做才能共同解決……」

「這樣吧，我們會為您……」

除了使用貼切的字眼之外，還要注意各種有助於和顧客建立夥伴關係的行為，其中包括：

調查：「讓我們來弄清事情到底是怎麼回事。」

建議：「我們最好這麼做。」

向顧客詢問或傾聽他們的意見：「來吧，跟我說說事情究竟是怎麼發生的，我也很想知道。」

分析：「別著急，我們可以一步一步慢慢來。」

確認：「我這樣理解對嗎？您看我想的是不是完全正確？」

要想建立夥伴關係，就不能把顧客推給別人撒手不管，除非確有必要。如果必須找別人來解決這個問題，就一定要向顧客保證，自己回頭會再來確認他是否對問題的處理情況感到滿意。顧客最怕被人推來推去，因為這樣每次他都得把事情經過講一遍。大多數人都不止一次經歷過這種令人喪氣的事。最好在離開前告訴顧客自己叫什麼名字，讓他們知道自己並不是想逃避他。

九、彬彬有禮

1. 迴避

假如發覺自己忍不住要發怒了，想要訓斥或對顧客大聲叫嚷，那就讓自己離開一會兒，暫時冷靜一下。這會給自己創造一個冷靜反省的機會，然後再回來處理問題。

當自己的感情快要失去控制時，應有禮貌地為自己的離開找一個藉口：「對不起我要離開一會兒，去查一下這方面的規定。」「這個問題我要徵求一下上司的意見。」「我需要核實文件中的一些信息。」「我們商議一下怎樣才能最好地解決這個問題。我一會兒就回來。」為自己找藉口的方式要永遠顯示出願意為顧客服務的意願。

2. 不要失態

投訴的顧客會說出一些傷人的話，而常常沒有認識到可能從個人的角度來對待他們的評論。但無論做什麼，也不要在顧客面前哭。假如情緒佔了上風，就無法具有職業風度了。

如果發現自己已經哭了，就應當說聲「對不起」，然後到一間沒有人的辦公室或休息室去使自己能夠鎮靜下來。如果覺得無法忍受與顧客交談，那就可以請同事或老闆來跟顧客談。

3. 控制事態

如果顧客不停地情緒激動地大聲嚷嚷，不給說明或提問的機會，可以在說話之前先叫他或她的姓名。請記住，大多數人在聽到自己的姓名時會停下來傾聽。

4.調解固執的顧客

如果與顧客一時達不成一致意見，可以發表如下的言論，讓顧客來尋找一種解決辦法：「現在你想要我做什麼？」「你認為什麼是解決這個問題的公平辦法？」「怎麼做可以使你滿意？」很多時候，顧客想要的東西可能比企業提供的東西要少。如果顧客的提議沒有超出標準，那就接受它。如果超越了標準，就提出一個新的建議。如果無法達成一致意見，那就應當請出上司了。除非是經理，否則無權請顧客到別的地方去做生意。

5.用禮貌語言重覆強調所能做到的事

假如顧客一直堅持某種無理的或辦不到的要求，應當告訴他我們能夠做什麼(而不是你不能做什麼)。不斷地強調這一點，不要採取不友好的態度或大聲嚷嚷，直到顧客弄懂了意思。

例如，假如顧客堅持要得到一個小配件，而已經沒貨了，那麼這樣交談就可能很順利：

「我想今天得到那個小配件。」

「對不起，星期二我們就會有這些小配件了。」

「但是今天就需要它。」

「對不起，我們的庫存裏已經沒貨了。」

「我今天就想要它。」

「我很願意在星期二為你找一個。」

……

6.理智應付暴力行為

偶然的情況會出現一個暴怒的顧客威脅或動手打人的情形。要靠直覺，判斷事情是否正在失去控制。要根據顧客的神態——眼神、臉色、語氣、體態等，來判斷潛在的暴力行為。要注意事前有無吸毒酗酒的迹象。假如顧客變得難以自控，或威脅恐嚇，就應尋求援助，不必忍受下去。永遠不要去和一個酗酒者或吸毒者講道理。即使顧客沒有吸毒的迹象，但只要他有暴力傾向，就不要怕去叫警察，那怕這樣做感覺不好。但是，感覺不好總比躺在醫院裏要好。永遠不要指責顧客酗酒或吸毒，否則可能使自己和企業站到被告席上去。

十、優質服務有底線

面對激烈的市場競爭，商家總是變著法兒取悅自己的「上帝」。很多大型商場都推出了「自由退換貨」甚至「無條件退換貨」的承諾。每逢耶誕節、元旦、春節，高檔禮服、套裝、晚禮服賣的特別好。但節後兩三天，就會有一些客戶來退貨，他們通常很仔細地保管好各種單據，衣服上的品牌也都照原樣別的好好的。很顯然，他們只想穿穿，過過癮，並不想購買。如果這像這樣無條件地取悅客戶，到頭來遭受損失的只能是商家。

無須服務所有的客戶，一些客戶值得我們花時間和精力來為其服務；但有一些並不值得，應該重新考慮對待那些你無須服務的客戶的方式。「客戶是上帝」、「客戶至上」隱含著客戶的需求應該無條件地滿足。然而，這樣做對嗎？答案是「否」。

十一、有效處理顧客抱怨的技巧

企業的員工在處理顧客的抱怨時，除了依據顧客處理的一般程序之外，要注意與顧客的溝通，改善與顧客的關係。掌握一些技巧，有利於減少與顧客之間的距離，贏得顧客的諒解與支援。下面對各種技巧作一簡單介紹。

1. 態度要平穩，不卑不亢，大度從容

對於顧客抱怨要有平常的心態，顧客抱怨時常常都帶有情緒或者比較衝動，作為企業的員工應該體諒顧客的心情，以平常心對待顧客的過激行為，不要把個人的情緒變化帶到抱怨的處理中。

2. 保持微笑

俗話說，「伸手不打笑臉人」，員工真誠的微笑能化解顧客的壞情緒，滿懷怨氣的顧客在面對春風般溫暖的微笑時會不自覺地減少怨氣。

3. 看待問題比較客觀，注意從顧客的角度思考

在處理顧客的抱怨時，應站在顧客的立場上思考問題，「假設自己遭遇顧客的情形，將會怎樣做呢？」這樣就能體會到顧客的真正感受，找到有效的方法來解決問題。

4. 善於傾聽顧客的牢騷

大部份情況下，訴說往往是最直要的排遣方式之一，抱怨的顧客需要忠實的聽者，喋喋不休的解釋只會使顧客的情緒更差。面對顧客的抱怨，員工應掌握好聆聽的技巧，從顧客的抱怨中找出顧客抱怨的真正原因，以及顧客對於抱怨期望的結果。

5. 學會使用身體語言進行有效溝通

在聆聽顧客抱怨的同時，積極地運用非語言的溝通，促進對顧客的瞭解。例如，注意用眼神關注顧客，使他感覺到受到重視；在他講述的過程中，不時點頭，表示肯定與支援。這些都鼓勵顧客表達自己真實的意念，並且讓顧客感到自己受到了重視。

第 4 章

處理客戶抱怨的流程

在處理客戶抱怨時，若沒有規章可循，僅憑各人的主觀想法去解決問題，往往會出現差錯。

客戶投訴涉及到企業各個環節，為保證企業各部門處理投訴時能保持一致，通力配合，圓滿地解決客戶投訴，企業應明確規定處理客戶投訴的工作流程規範和管理制度。

第一節　客戶投訴的處理流程

當客戶在商場內發生意外事故，對商品或服務品質極度不滿時，會到服務中心進行投訴，甚至要求賠償。在處理時，企業客戶服務部門員工應保持迴旋餘地和彈性空間，掌握一些投訴處理的技巧，贏得客戶的諒解與支援。對於服務部門來說，妥善處理客戶投訴是一項非常重要的工作。美國行為研究人員的研究表明，良好的賠償和投訴處理能給公司帶來 50%～400%的收益，企業通過客戶投訴所獲得的免費信息，更能夠幫助企業提高整體服務品質。

因此，正確處理客戶投訴十分重要。客戶投訴處理是一項複雜的系統工程，要真正處理好客戶投訴並非易事，需要經驗和技巧，處理客戶投訴要因人、因事、因時而異，要靈活處理。

一、對服務行為投訴的因應

對服務行為的投訴是指客戶對企業客戶服務部及人員的服務行為提出的投訴。對這類投訴的處理程序一般由投訴的登記、調查、處理、回告及回訪等步驟組成。

⑴登記。客戶服務部對每個客戶服務接待與呼叫中心交辦的投訴，都要逐個登記，形成服務台賬。

⑵調查。客戶服務部應採取向客戶、當事客戶服務人員瞭解情況或查看服務記錄等方式，對投訴進行調查瞭解。

⑶處理。按客戶服務人員違規行為的性質、情節、後果，作出處理決定。

⑷回告。在規定時間內將處理結果回告企業投訴處理中心。

⑸回訪。投訴處理中心應在接到投訴後的規定時間內回訪投訴人，告知投訴處理結果。投訴處理中心還應按規定對客戶服務部的投訴率、投訴處理率、處理滿意率進行統計歸檔。

二、投訴分類、呈報和傳遞

投訴分類、呈報和傳遞工作由客戶服務投訴受理人員或銷售人員負責。客戶服務投訴受理人員首先要記錄客戶的投訴內容，然後再根據客戶投訴的內容，認真區分投訴類型，呈報售後服務部主管批示，並按主管批示傳送投訴處理相關部門。

根據客戶投訴起因，可將客戶投訴分為常規投訴、發掘性投訴和集中性投訴三種類別。

1. 常規投訴

常規投訴是指由客戶通過企業公佈的客服電話、營業廳意見調查表、政府相關部門、消費者協會以及媒體等管道直接提出的投訴或公司各部門轉發的投訴。

2. 發掘性投訴

發掘性投訴是指客戶在與公司各部門人員接觸過程中，發現有違反公司相關規定和規範的行為從而發起的投訴。

3. 集中性投訴

集中性投訴是指由於公司網路、系統以及內容等方面發生的事故，導致客戶大範圍或集中性的抱怨，從而引起的投訴。

三、投訴責任界定及原因分析

投訴責任界定及原因分析由商品管理部、相關職能部門、市場部等部門負責。這些部門應在規定時限內，從生產或服務流程、管理過程中查找原因，確定投訴責任。責任界定及原因分析後，對責任單位下達改善意見書，提出投訴處理意見書。

一般來講，客戶投訴處理會涉及以下部門：

1. 市場部

在企業中，市場部負責投訴處理決策和意見審批，對投訴責任界定後所提出的具體投訴處理意見給予確認與批復。

2. 商品管理部

商品管理部負責提出投訴處理對策，起草客戶投訴處理意見書，並對處理的全過程進行追蹤。一般企業投訴處理對策如下：

⑴屬於明顯品質問題的責任和費用承擔規定：公司給予無條件免費產品更換。

⑵屬於明顯使用不當問題的責任和費用承擔規定：

①能夠在現場給予簡單處理解決的，由責任銷售人員現場解決，並將解決結果和客戶意見書面回饋公司；

②不能在現場解決的複雜問題或者零件更換問題，由責任銷售人員向客戶解釋，公司免人工費用和在途運輸費用給客戶維修，但是必須收取零件費用；

③如果屬於更換簡單零件就可以解決的問題，責任銷售人員應向客戶解釋必須由客戶承擔零件費用，然後由公司責任銷售人員現場更換零件。

⑶屬於難以界定問題的責任和費用承擔規定：

①經企業品質部門界定後屬於上述兩種中的任何一種狀況，則由責任方按照上述規定承擔相關費用；

②無論界定結果屬於何種情況，在途運輸費用均應由公司承擔；

③如果屬於責任銷售人員能夠明顯界定的產品品質問題，而由於責任銷售人員的責任心不強或者技術水準問題導致無法界定而發生了在途運輸費用，則企業應根據事實和責任程度，給予責任銷售人員承擔相關費用的處罰，承擔的比例在運輸費用的30%～60%範圍之內。

3.品質部門

品質部門負責對銷售人員申報的不良產品進行審核，界定產品品質不良的真實原因，並對界定結果予以處理或提出解決產品品質問題的建議；對產品品質的投訴內容進行界定，並對問題產品品質檢驗過程中生成的資料和處理問題產品的意見書進行分類歸檔。

4.客戶服務部

客戶服務部負責接聽客戶投訴電話，接待面訴客戶，處理突發投訴事件，審核由責任銷售人員填寫的「不良品投訴處理書」的內容是否規範和齊全，即審核責任銷售人員面對投訴所進行的調查、採集的證據（照片、資料）是否符合公司有關規定。客戶服務部還負責將所有投訴受理過程中生成的資料整理後分類歸檔保存等工作。

四、投訴處理結束之後的跟蹤管理

在常人看來，客戶投訴是危機，但松下公司總經理曾經說:「客戶的抱怨，經常是我們反敗為勝的良機。」每處理好一次客戶投訴和抱怨，實際上就是為優化服務品質提供了數據，也是鞏固客戶關係的好機會。

管理人員應該注重客戶投訴的記錄，跟蹤投訴的處理過程，並進行投訴的處理滿意度調查等。

1.投訴跟蹤管理途徑

為了保證每一個投訴客戶都能得到滿意的答覆，企業應對每一個投訴客戶都建立檔案，實行投訴跟蹤管理。企業可以通過發函瞭解、電話聯繫、召開座談會以及上門回訪等形式對客戶逐一進行回訪，跟蹤督查投訴辦理結果，徵求投訴客戶對投訴辦理情況的意見和建議。

⑴發函瞭解

internet 的普及，實現了「零距離」、「零時段」的世界。企業可以給客戶發送電子郵件，以此瞭解客戶對投訴處理的滿意度。

⑵電話聯繫

電話是現今最普及的溝通工具，留下客戶的聯繫方式，事後經常與客戶保持聯繫，及時通知客戶，公司對他的要求已經有了解決方案；詢問客戶的滿意度；有新的產品或服務，及時向客戶提供；告訴客戶，其意見被評為今年的最佳投訴意見或者建議被評為合理化建議獎等，以上幾種方式，都能夠很好地化解客戶投訴時的不良情緒，提高客戶對企業的滿意度和忠誠度。

⑶召開座談會

公司將有相同投訴問題的客戶召集起來，以座談會的方式瞭解客戶的需求，共同討論解決的辦法，使所有客戶均能滿意而歸。這種面對面商談的方式，能讓客戶感覺到被尊重，也能讓公司更直接地瞭解客戶的真實想法，更好地為客戶服務。

⑷上門回訪

對於重要客戶的投訴，企業最好採用上門回訪的方式追蹤服務。親自上門追蹤，不僅體現了客戶的價值，也提升了企業在客戶心中良好的形象。在回訪過程中，多詢問客戶的需求，盡可能地給予滿足，留住每一個客戶。

2.投訴跟蹤管理調查表填寫

為瞭解客戶投訴的原因，更快更好地解決投訴的問題，促進企業服務品質的進一步提高，企業備有專門的投訴跟蹤管理調查表。請注意，不同企業的投訴跟蹤管理調查表形式不同，但內容卻大同小異，該表填寫時一定要準確，否則其價值就會大打折扣。

第二節　公司的制度保證

在處理客戶的抱怨與投訴時，企業若沒有一定的規章可循，僅憑各人的主觀想法去解決問題，往往會出現一些意想不到的差錯。因此，需要把處理客戶投訴的程序制度化。

客戶投訴涉及到企業各個環節，如對商品質量的投訴、服務的投訴等。為了保證企業各部門處理投訴時能保持一致，通力配合，圓滿地解決客戶投訴，企業應明確規定處理客戶投訴的規範和管理制度。即：

1. 建立健全的各種規章制度

要有專門的制度和人來管理顧客投訴，並明確投訴受理部門在公司組織中的地位。要明文規定處理投訴的目的，規定處理投訴的業務流程，根據實際情況確定投訴部門與高層經營者之間的彙報關係。另外，還要做好各種預防工作，減少顧客投訴。

2. 確定受理投訴的標準

在處理投訴時，關鍵的一件事情就是要把處理的品質均統一化。當處理同一類型的投訴時，如果經辦人處理辦法不同或同時對各個投訴者又有不同的對待態度，勢必會失去客戶的信賴。因此，不管從公正處理的角度，還是從提高業務效率的角度來說，都應該制定出合乎本企業的投訴處理標準。

3. 一旦出現客戶投訴，應及時處理

對於客戶投訴，各部門應通力合作，迅速做出反應，力爭在最短的時間裏全面解決問題，給客戶一個滿意的答覆。拖延和推卸責任會進一步激怒投訴者，使事情複雜化。試想，客戶購買的商品發

生了故障，偏巧遇到週末，如果不能立刻修理，顧客不得不始終想著這件煩人的事情，這使得原本應該很輕鬆的週末變得有點沈重。反之，如果客戶與企業聯繫後，立刻得到回應，必然會爭取到顧客對企業的好感與信賴。因此，企業應規定投訴的受理時間。例如 IBM 公司明確規定，必須在 24 小時內，對用戶的諮詢與投訴做出明確的答覆，其具體的做法是設置用戶服務子系統，開通投訴熱線，安排專人記錄，並將信息傳遞給相關部門。

4.處理問題時應分清責任，確保問題妥善解決

不僅要分清造成客戶投訴的責任部門和責任人，而且要明確處理投訴的各部門、各類人員的具體責任與許可權，以及客戶投訴得不到及時圓滿解決的責任。對於處理投訴的責任人，究竟該給予怎樣的責任與何種程度的許可權，事先須進行書面化的規定。同時，對接待人員儘量給予大幅度的許可權。如果事事向上級請示，會降低客戶對接待人員的信任，甚至會使客戶更加不滿。

對於重覆出現的常規問題，則按規定的程序與方法給以及時處理。對非常規問題，則授權給合適的部門根據具體情況創造性地給以處理，以提高組織在處理投訴上的回應速度，減少損失，避免客戶與企業產生不必要的誤解。

5.建立投訴處理系統

建立投訴處理系統，對每一起客戶投訴及處理都要做出詳細的記錄，包括投訴內容、處理過程、處理結果、客戶滿意度等。用電腦管理客戶投訴的內容，不斷改進客戶投訴處理辦法，並將獲得的信息傳達給其他部門，使之做到有效、全面地收集統計和分析客戶意見，立即反應，做出明確適時的處理。並經常總結經驗，吸取教訓，為將來更好地處理客戶投訴提供參考。

第三節　客戶投訴的接待流程

1. 客戶投訴接待工作流程

表 4-3-1　客戶投訴接待工作流程

工作目標	知識準備	關鍵點控制
1. 明確客戶投訴接待的標準，尊重每一位客戶 2. 提高客戶滿意度，樹立公司良好的形象和信譽	1. 掌握客戶接待的禮儀 2. 掌握不同類型客戶投訴接待和投訴處理的技巧	1. 制定客戶接待標準：公司客戶服務部門制定客戶投訴接待標準，明確客戶投訴接待人員的言行規範和客戶接待流程等
		2. 接待客戶：客戶投訴接待人員根據公司的投訴客戶接待標準接待客戶，歡迎客戶
		3. 傾聽客戶陳述：客戶投訴接待人員瞭解投訴客戶來訪的目的，認真傾聽客戶陳述，明確客戶投訴的問題，並對客戶表示理解和安慰
		4. 記錄客戶投訴：客戶投訴接待人員指導客戶填寫《客戶投訴登記表》，做好客戶投訴登記工作
		5. 達成投訴處理協定 (1)記錄客戶投訴，接待人員根據公司的相關規定和投訴處理標準，與客戶溝通，制定投訴處理方案，並儘快通知相關人員進行投訴處理 (2)對於權限之外的客戶投訴，公司接待人員要聯繫相關人員進行投訴處理；不能即時處理的客戶投訴，接待人員要根據與客戶協商的結果確定投訴處理的最終期限
		6. 禮貌送客：客戶投訴接待人員禮貌送客，對客戶表示真誠感謝
流程圖	1. 制定客戶接待標準 → 2. 接待客戶 → 3. 傾聽客戶陳述 → 4. 記錄客戶投訴 → 5. 達成投訴處理協定 → 6. 禮貌送客	

2.客戶投訴接待控制程序

表 4-3-2 客戶投訴接待控制程序

程序名稱	客戶投訴接待控制程序	受控狀態	
		編　　號	

一、目的

規範客戶投訴接待的各項工作，及時、禮貌、週到地為客戶解決問題，提高公司信譽和形象。

二、適用範圍

本程序適用於公司各類客戶投訴接待工作。

三、制定客戶投訴接待標準

客戶服務部根據公司的相關服務品質標準和客戶的期望，制定客戶投訴接待標準。一般來說，客戶投訴接待標準包括以下內容。

1.接待的環境標準

接待的環境因素主要包括接待場所的氣氛是否合適、接待的配套設施是否齊全、是否讓客戶滿意等。

2.接待的時間標準

接待的時間標準是指投訴客戶等待的時間長度和投訴處理時間的長度是否讓客戶滿意。

3.接待人員的行為標準

接待人員的行為標準是對客戶投訴接待人員的言行規範。客戶投訴接待人員在與客戶接觸的過程中應該始終如一地尊重客戶。

四、投訴客戶接待

1.歡迎客戶

客戶投訴接待人員應以職業化的形象、真誠的態度和恰當的言行歡迎客戶。

續表

<table>
<tr><td colspan="6">

2. 傾聽客戶陳述

在傾聽客戶陳述的過程中，客戶投訴接待人員應該做到以下幾點。

⑴關注客戶的基本需求，鼓勵客戶說出自己的期望。

⑵始終以客戶為中心，不能隨意丟下客戶去做其他的事情。

⑶巧妙的提問，幫助客戶理清思路和認清問題。

3. 記錄客戶投訴

客戶投訴接待人員與客戶就投訴問題達成共識後，應指導客戶填寫《客戶投訴登記表》，做好客戶投訴記錄。

4. 達成投訴處理協定

客戶投訴接待人員與客戶討論投訴的問題時，要力爭與客戶達成投訴處理協定。投訴處理協議主要有以下兩種。

⑴當時能夠處理的投訴，接待人員根據公司相關規定和讓客戶滿意的原則做出投訴處理決定，並幫助客戶到相關部門或通知公司相關人員為客戶解決問題。

⑵當時不能處理的投訴，接待人員根據問題的解決難度、公司的相關規定和客戶的要求，確定投訴處理的最終期限，並儘快通知相關部門進行投訴調查和處理。

五、禮貌送客

達成了投訴處理協定後，客戶投訴接待人員應禮貌地送客戶離開，並對客戶提出的問題和建議表示感謝。

</td></tr>
<tr><td>相關說明</td><td colspan="5"></td></tr>
<tr><td>編制人員</td><td></td><td>審核人員</td><td></td><td>批准人員</td><td></td></tr>
<tr><td>編制日期</td><td></td><td>審核日期</td><td></td><td>批准日期</td><td></td></tr>
</table>

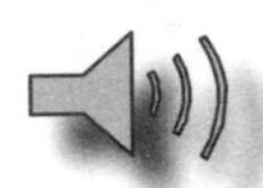

第四節　客戶投訴處理流程

1. 客戶投訴處理工作流程

表 4-4-1　客戶投訴處理工作流程

工作目標	知識準備	關鍵點控制
1. 明確客戶投訴處理的過程，提高投訴處理的品質和效率 2. 尊重客戶需求，提高客戶滿意度 3. 收集客戶建議，發現並解決公司產品和服務過程中存在的問題	1. 掌握客戶投訴處理的基本理論知識 2. 掌握客戶投訴處理的方法、技巧和過程	1. 接受客戶投訴：公司客服人員接受客戶的各類投訴，如電話投訴、書面投訴等
		2. 投訴判斷 (1)客戶服務部對客戶投訴進行分析，判斷投訴理由是否充分；如果投訴理由不充分，客戶服務人員要耐心地向客戶說明原因 (2)客戶服務人員要判斷客戶投訴的類別、客戶投訴處理的要求是否合理等 (3)能立刻處理的投訴，客戶服務人員要當時解決
		3. 明確投訴處理責任人：客戶服務部將客戶投訴的內容分類，確定投訴處理的部門和責任人
		4. 調查投訴原因：投訴處理責任人對客戶投訴進行調查，與公司相關人員以及客戶進行溝通，瞭解投訴發生的具體原因
		5. 制定投訴處理方案 (1)投訴處理人員根據投訴原因、客戶處理的要求、相關合約和公司的相關規定等，制定投訴處理方案，並將方案與客戶進行溝通 (2)投訴處理人員將投訴處理方案交給主管審批

續表

參考上頁	參考上頁	6. 投訴處理 (1)投訴處理人員根據審批通過的處理方案，進行投訴處理；處理過程中與客戶保持溝通，根據實際需要，相關人員適當調整投訴處理方案 (2)相關人員根據公司的規定，對導致客戶投訴發生的責任人進行適度的懲罰；並制定相應的改善措施，避免同類問題再次發生
		7. 投訴處理結果評價：投訴處理人員收集投訴處理過程的信息，尤其是客戶的要求和建議，並對投訴處理的結果進行分析評價
流程圖	1. 接受客戶投訴 → 2. 投訴判斷 → 3. 明確投訴處理責任人 → 4. 調查投訴原因 → 5. 制定投訴處理方案 → 6. 投訴處理 → 7. 投訴處理結果評價	

心得欄 ------------------------------

2.客戶投訴處理控制程序

表 4-4-2 客戶投訴處理控制程序

程序名稱	客戶投訴處理控制程序	受控狀態	
		編　　號	

一、目的

為及時有效地處理客戶的投訴，提高公司服務品質，樹立公司在客戶心中的良好形象，特制定本程序。

二、適用範圍

本程序適用於處理嚴重類客戶投訴管理工作。

三、職責劃分

1. 客戶服務部經理

客戶服務部經理負責客戶投訴的管理工作。

2. 客戶服務人員職責

⑴客戶服務人員負責客戶投訴的記錄、分類和整理工作。

⑵客戶服務人員負責組織、討論對客戶投訴原因的分析。

⑶客戶服務人員負責與客戶保持聯繫，瞭解客戶的需求。

3. 相關部門

客戶投訴處理的相關部門，如市場行銷部、生產部、品質管理部等協助客戶服務部處理相關的客戶投訴，並制定相關的糾正措施。

四、投訴處理原則

1. 傾聽原則

耐心、平靜地傾聽，不打斷客戶陳述，聆聽客戶的不滿和要求。

2. 客戶滿意原則

客戶投訴處理的最終目的是讓客戶再次購買公司的產品，因此讓客戶滿意是投訴處理的首要原則。

3. 及時處理原則

遇到客戶投訴，公司相關人員要及時做出反應。能夠立刻解決的必須立刻解決；不能立刻解決的也要明確地告訴客戶投訴處理的時間，並且保證在承諾的時間內給客戶一個滿意的答覆。

續表

4.責任明確原則

客戶投訴處理的責任有以下三個方面的含義。

⑴確定投訴處理責任，對客戶投訴處理過程中的每一個環節，都需明確各部門、各類人員的具體責任與權限，以保證投訴及時妥善地解決。

⑵明確造成客戶投訴的責任部門和責任人。

⑶明確客戶投訴未能及時解決的責任歸屬。

5.公平原則

公司與客戶是平等的，大客戶與小客戶也是平等的，公司相關人員在處理客戶投訴的過程中，要把持公平的原則，對客戶一視同仁。

6.記錄原則

公司客戶服務部要做好客戶投訴的記錄工作，投訴記錄的內容包括投訴內容、投訴處理過程、投訴處理結果、客戶意見、懲罰措施和結果等。

五、投訴處理程序

1.客戶投訴接待

⑴接受客戶投訴

客戶服務人員通過公司為客戶提供的各種投訴管道，如電話、網路、意見回饋卡等接受客戶投訴。對於網路以及信件類投訴，客戶服務人員應該聯繫客戶進行投訴內容的確認。

⑵記錄客戶投訴

客戶服務人員根據客戶投訴的內容填寫《客戶投訴登記表》，記錄客戶的姓名、聯繫方式、客戶投訴的內容和客戶期望的投訴處理結果等。

2.投訴調查

⑴投訴分析

客戶服務人員根據《客戶投訴登記表》進行投訴分析，投訴分析的內容如下。

①判斷投訴是否成立，如果客戶投訴不成立，客戶服務人員要真誠、耐心地向客戶說明原因。

②判斷客戶投訴能否立刻解決，如果客戶投訴能夠立刻處理，客戶服務人員應該馬上給客戶滿意的答覆。

續表

③對於不能立刻解決的投訴，客戶服務人員認真分析，明確投訴的癥結所在，確定投訴處理的責任部門，並且和客戶協商確定投訴處理的最後期限。 ⑵明確投訴處理責任人 客戶服務人員將客戶投訴轉交給投訴責任部門，投訴責任部門確定投訴處理的責任人。公司投訴處理的責任分工如下。 ①品質管理部在生產、倉儲部門的配合下進行產品品質類投訴的處理。 ②公司配送部門負責產品運輸包裝類投訴的處理。 ③客戶服務部負責服務品質和客戶投案建議類投訴的處理。 ⑶調查投訴原因 客戶投訴處理責任人針對客戶投訴的問題進行投訴調查，明確導致投訴問題發生的事件、責任人，並歸納出投訴產生的主、客觀原因。 3.客戶投訴處理 ⑴制定《客戶投訴處理方案》 根據實際情況，參照客戶的投訴要求，提出解決投訴的具體方案，如退貨、換貨、維修、折價和賠償等。對於客戶投訴問題，主管人員應給予高度重視，對投訴的處理方案一一過目，及時做出批示。制定《客戶投訴處理方案》的依據如下。 ①公司的相關制度，如《客戶投訴管理辦法》、《售後服務管理制度》等。 ②公司與客戶簽訂的相關合約。 ③投訴產生的原因。 ④客戶的投訴處理要求。 ⑤其他依據。 ⑵投訴處理 ①投訴處理人員根據制定好的《客戶投訴處理方案》進行客戶投訴處理，為客戶圓滿地解決問題。 ②在客戶投訴過程中，投訴處理人員與客戶保持溝通，隨時詢問客戶的建議，並根據實際需要調整《客戶投訴處理方案》。

續表

<table>
<tr><td colspan="6">4.投訴處理結果評價
⑴客戶服務人員在客戶投訴處理的過程中收集各方面的信息，尤其是客戶的意見。
⑵客戶服務部根據收集到的客戶投訴處理信息，對客戶投訴處理結果進行評價，一旦發現公司產品和服務過程中存在的問題，要向相關部門提出改善建議。
⑶對投訴過程進行總結和綜合評價，吸取經驗教訓，提出改善對策，不斷完善公司的經營管理和業務運作，以提高客戶服務品質和服務水準，降低投訴率。</td></tr>
<tr><td>相關說明</td><td colspan="5"></td></tr>
<tr><td>編制人員</td><td></td><td>審核人員</td><td></td><td>批准人員</td><td></td></tr>
<tr><td>編制日期</td><td></td><td>審核日期</td><td></td><td>批准日期</td><td></td></tr>
</table>

心得欄 --

第 5 章

處理客戶抱怨的七個步驟

顧客投訴的處理滿意度，是企業優質服務的重要指標，也是顧客忠誠的重要催化劑，如何快速、有效地平息顧客的投訴，使顧客滿意，也就成為決定顧客忠誠的重要基石。

受理顧客投訴時，要從顧客角度出發，傾聽和思考，這樣才能換取顧客的信任和理解，有利於問題的解決。在明確顧客的問題和需求後，協商出雙方可接受的方案，並對後續工作進行跟蹤。

第一節　讓顧客充分發洩

面對競爭日益激烈的外部環境，提供給顧客優質的服務，成為越來越多的企業的戰略方針。顧客投訴的處理滿意程度，是企業優質服務的重要組成指標，同時也是顧客忠誠的重要催化劑，所以如何快速、有效地平息顧客的投訴，使顧客非常滿意，也就成為決定顧客忠誠的重要基石。

據一項顧客投訴的調查來看顧客投訴的冰山模型，即：顧客服務部門正式反映，顧客投訴的信息到達高層管理者的只有 5%，顧客不滿意已經投訴的為 45%，曾向有關部門投訴但最終放棄的顧客達到 50%。據另外一項調查，我們可以知道投訴的顧客的忠誠度達 50%；投訴圓滿解決，顧客的回頭率達 54%；投訴迅速圓滿解決，顧客回頭率達 82%。

最佳的處理顧客投訴，令顧客滿意、提高顧客忠誠度的時機不是取決於那些傳達到高層管理者耳中的 5%的顧客投訴，而是取決於曾在公司投訴過、而又放棄的 50%的顧客。因此顧客投訴應該在顧客第一次向公司抱怨的時候，力爭得到快速、圓滿的處理和答覆。

任何人都不喜歡聽不好的話，企業的員工在受理顧客的投訴時，都會自然地表露出抵觸的情緒，這是處理投訴的時候非常不可取的心態。絕大多數的顧客是抱著解決問題的想法來投訴的，正像我們自己情緒還有波動的時候一樣，一部份顧客在投訴的時候情緒激動也是正常的。所以我們在受理顧客投訴的時候一定要從顧客角度出發，運用同理心來認真傾聽和思考，才能換取顧客的信任和理解，有利於問題的解決。

1.用心服務

顧客有了投訴，我們不應過多地強調是有理投訴還是無理投訴。應該做到只要是有顧客投訴，我們都應該分析工作中是否存在著不足和缺陷。

面對不同的顧客的投訴，用心為顧客服務是最重要的。耐心聽取顧客的講述，專心體諒顧客的感受，誠心為顧客思考解決的辦法，這是每一位處理顧客投訴人員必須具備的素質。

作為一名顧客投訴處理人員，不但要耐心傾聽顧客的抱怨，還要用心理解顧客投訴時的感受。急顧客之所急、想顧客之所想，這樣才能拉近與顧客的距離，讓他們感受到你是在真誠地為他們著想，為他們解決問題。

「同理心傾聽」就是站在別人的角度來看問題。在與顧客的溝通中，要真正聽懂對方的「意思」，光有表層的同理心是遠遠不夠的，我們還要有深層的同理心。

2.讓顧客發洩出來

顧客既然會產生投訴，就表示他們在精神或物質上已經遭受到某種程度的傷害。而往往在講述時會摻入自己的感情，就會造成過激的言行。但是，對於大多數的顧客來說，其投訴的目的並不一定非要得到某種形式上的補償，或許只是要求發洩一下心中的不滿情緒，希望能得到客服人員的同情和理解，使心理上得到一種平衡。這時你只有等他發洩完了，他們才有可能聽得進去你說的話，如果你忙於解釋或提出辦法，可能會適得其反，令事態進一步惡化。因此，面對不同類型的顧客投訴時，最重要的是讓他們發洩心中的不滿，然後平心靜氣地來談如何去解決投訴。

3.坦然面對顧客的發洩

面對情緒激動的顧客，客服人員保持心平氣和，高度關注是有必要的，這是處理顧客投訴的基本功，但同時也要掌握一些技巧。

通常顧客投訴時尋求的是一種心理平衡，是為了讓我們理解他的感受，並找出問題的責任和原因。而這時他們最不願意聽到的就是「這不歸我管」、「這不是我們的責任」、「你去×××部門投訴吧」等說法。

知道了這些，在受理顧客投訴的時候就應該辨析顧客投訴的責任，是我們的責任就勇敢地承認，真誠地說聲「對不起」，讓顧客感受到你的真誠、關注和對他們的尊重。這樣才有利於平息顧客的憤怒，心平氣和地協商解決的方法。

第二節　三種不同的受理顧客投訴

受理顧客投訴是和傾聽顧客抱怨同時發生的，不同的是受理顧客的投訴是在顧客發洩完後，在傾聽顧客抱怨的同時需要詢問和解答。客服人員在受理顧客投訴的時候需要保持良好的心態，不要因為顧客的激動和誤解就急於作出錯誤的判斷，而是要耐心地、專心地與顧客進行溝通，聽取顧客的傾訴和期望，協商解決，儘量將顧客投訴處理安排在投訴受理環節。

一、人員親自投訴

受理人通常是接受顧客投訴的最初接收者，他們包括一線員工、客戶經理、中高層管理人員。由於分工的不同，我們會認為只有一線人員和客戶經理具有受理和處理顧客投訴的職責，這種說法是片面的。統計數據表明，顧客在投訴的第一環節，也就是受理環節，因為沒有被關注而造成客戶抱怨的顧客就佔投訴顧客人數的50%，這其中很多就是因為企業各人員互相推諉、推卸責任的情況造成的。所以企業作為一個整體，企業的所有員工和管理者都有責任受理和處理顧客的投訴。

1.良好的心態

很多客服人員和員工在面對顧客投訴的時候總是有很大的壓力和抵觸的情緒，好像顧客來投訴就是和我們過不去，存在著心理的障礙，這是因為我們沒有一個很好的心態。能否保持積極、主動、熱情的心態，將會對解決顧客投訴起著非常重要的作用。

客服人員在面對顧客時不僅代表自己，而是代表公司的形象。積極熱情和冷漠消極給顧客的感受是截然不同的，所以保持一個良好的心態，以積極的態度為顧客服務是非常重要的。

2.顧客不是永遠都是對的，但顧客是第一位的

顧客沒有權利改變你的產品和服務，可是顧客有權利不去購買你的產品和服務。所以如何提升產品的品質和提供優質的服務留住顧客，就成為企業之間爭奪市場和尋求發展的原動力，顧客投訴的可能是我們產品和服務的缺陷，也可能是由於顧客自己的過失，但是無論是誰的責任，讓顧客滿意，提升顧客的忠誠度總是企業的戰略方向。顧客說得對，我們就積極改正；說得不對，我們也應該聽取有那些不對，是不是我們那裏沒有做好才造成顧客的誤解。所以無論顧客對與不對，我們都應該尊重他們，關注他們，主動熱情地為他們排憂解難。

3.只要顧客不滿意，我們就有責任

很多時候顧客會因為不瞭解產品或服務而進行投訴，客服人員會感覺到很委屈，認為客服工作就是充當顧客的出氣筒。其實不然，顧客由於自己的過錯，投訴到我們這裏，這說明：一是我們的工作需要完善，在投訴的方面可能還需要改進；二是顧客對我們的信任，希望我們做得更好。我們不能一味地歸罪於外部原因，強調這不是我們的責任，這樣會讓顧客感到我們很冷漠。做顧客投訴服務工作，就應該像談戀愛一樣，出現一點小的摩擦，總是要想辦法去磨合。所以遇到顧客的不滿意，首先不是要去追究誰的責任，而是要解決。其次是積極主動地找找自身的原因，想想如何才能做得更好。

4.積極地溝通，收集信息

客服人員傾聽顧客的發洩僅僅是單向溝通，這裏所說的積極地溝通主要是在傾聽顧客抱怨的同時收集顧客不滿的信息，例如：顧

客的不滿意有那些、顧客希望如何處置、顧客投訴內容所忽視的重要信息等，以便有針對性地為顧客解決問題。在顧客投訴的受理環節中，與顧客的溝通是很重要的，這就要求客服人員熟練掌握與顧客溝通的方法和技巧。適時地詢問和解答顧客的疑惑，可以消除顧客的誤解。

在與顧客溝通的過程中，溝通技巧尤為重要。一個優秀的客服人員，所表現出來的親和力和真誠會感染顧客，能夠取得顧客的信任和認同，更能拉近顧客的關係，往往一個棘手的投訴可能就在這樣「和風細雨」的溝通中得到滿意的解決。

在與顧客溝通的環節，通常會被顧客的傾訴所引導，而疏忽了處理投訴所需要的重要信息，可是這些信息又是分析顧客投訴和處理投訴的重要依據。

- Why：顧客為什麼會投訴，也就是顧客投訴的原因是什麼；
- What：顧客投訴什麼，如：顧客投訴的是產品品質不好還是服務不熱情，或是其他什麼；
- Who：為顧客服務的當事人是誰，如：是編號為 0036 的營業員告訴我，辦理後 7 個工作日就可開通電話業務；
- When：什麼時間購買的產品或服務，如：上週五辦理的新裝機業務；
- Where：在那個地點購買的產品或服務，如：在北大街營業廳辦理；
- How：顧客希望怎樣處理，如：您希望我們為您做些什麼呢？

5.顧客真實的需求

對於投訴的顧客來說，投訴僅是一種不滿的信息傳遞和抱怨發洩的過程，其真正目的是為了解決問題。他們往往在投訴之前或是投訴發生的當時，就已經有了一個有關解決方法的期望，而這種期望，因不同的顧客表達方式會有所不同，有的會婉轉一些，有的會直接一點，但這些都是顧客心裏真實的想法和需求，客服人員此時就要避免一廂情願，單方面提出解決的方法，這樣往往是不奏效的。而應該運用適宜的溝通技巧探詢顧客的這種需求，以考慮更多的解決方法。

表 5-2-1　與顧客溝通的幾個技巧

技巧	目的	表現形式
一般性引導	讓對方討論他想談的問題	「您說一下這件事的經過好嗎？」
重覆	檢驗你聽清並已理解了對方的意思	「您的意思是不是……」
針對性提問	掌握更多易被忽視和不明確的重要信息	「銷售人員有沒有承諾說……」
探詢	探知對方真正的需求	「您有什麼要求呢？」
演繹	深入討論所談話題作個總結歸納	「這件事情是不是這樣的……」

二、信函投訴處理策略

信函投訴處理是一種傳統的處理方式，通常是針對從外地寄來的投訴信件或不易口頭解釋的投訴事件，或是在書面的證據成為解決投訴不可缺少的必要條件的情況下，以及，按照法律規定必須以書面形式解決的投訴中採用。

利用信函提出投訴的客戶通常較為理性，很少感情用事。對企業而言，信函投訴的處理要花費更多的人力費用、製作和郵寄費用，成本較高。而且由於信函往返需要一定時間，會使處理投訴的週期拉長。

根據信函投訴的特點，客戶服務人員在處理時應該注意以下要點：

⑴要及時回饋。當收到客戶利用信函所提出的投訴時，要立即通知客戶已收到，這樣做不但使客戶安心，還給人以比較親切的感覺。

⑵要提供方便。在信函往來中，客戶服務人員不要怕給自己添麻煩，應把印好的有本企業的地址、郵編、收信人或機構的不粘膠紙附於信函內，以便於客戶回函。如果客戶的位址、電話不很清楚，不要忘記在給客戶的回函中請客戶詳細列明通信地址及電話號碼，以確保回函能準確送達對方。

⑶要清晰、準確地表達。在信函內容及表達方式上，通常要求淺顯易懂，因為客戶的文化程度不一定會很高。措辭要親切，儘量少用法律術語、專有名詞、外來語及圈內人士的行話，儘量使用結構簡單的短句，形式要靈活多變，使客戶一目了然，容易把握重點。

⑷應充分討論。由於書面信函具有確定性、證據性，在寄送前，切勿由個人草率決斷，應與負責人就其內容充分討論。必要時可以與企業的顧問、律師等有關專家進行溝通。

為了表示企業的慎重，寄出的信函最好以企業負責人或部門負責人的名義主筆，並加蓋企業的公章。

⑸要正式回覆。企業發送給客戶的信函最好是列印出來的，這樣可以避免手寫的筆誤和因連筆造成的誤認，而且給人以比較莊重、正式的感覺。

(6)注意保留往來函件。必須存檔歸類處理過程中的來往函件，應一一編號並保留副本。把這些文件及時傳送給有關部門，使他們明確事件的處理進程與結果。

三、電話投訴處理策略

客戶以電話方式提出投訴的情形越來越多見，使電話處理投訴的方式逐漸成為主流。然而，正是由於電話投訴簡單迅速的特點，使得客戶往往正在氣頭上時提起投訴。這樣就為電話處理投訴增加了難度，因此在電話處理投訴時要特別小心謹慎，要注意說話的方法、聲音、聲調等，做到明確有禮。這時必須善於站在客戶的角度來思考，考慮如果自己在客戶同樣的狀況之下會是怎樣的心情。無論客戶怎樣感情用事，都要重視客戶，不要有有失禮貌的舉動。

除了自己的聲音外，要注意避免在電話週圍有其他聲音，如談笑聲等傳入電話裏，會使客戶產生不愉快的感覺。從這方面來看，投訴服務電話應設在一個獨立的房間裏，最低限度也要在週圍設置隔音裝置。接聽投訴電話時要注意以下技巧：

⑴對於客戶的不滿，應能從客戶的角度來考慮，並表示同情。

⑵以恭敬有禮的態度對待客戶，使對方產生信賴的感覺。

⑶採取客觀的立場，防止主觀武斷。

⑷稍微壓低自己的聲音，給對方以沉著的印象，但注意不要壓得過低使對方覺得疏遠。

⑸注意以簡潔的詞句認真填寫客戶投訴處理卡，不要忽略諸如who（人物）、what（事件）、why(原因)等的重點項目。

⑹在電話裏聽到的客戶姓名、位址、電話號碼、商品名稱等重要事項，必須重覆確認，並以文字記錄下來或錄入電腦。同時，要把處理人員的姓名、機構告訴客戶，以便於客戶下次打電話來時容易聯絡。如果在接聽電話的開始就報上姓名，客戶往往並不一定能夠記下，所以應在結尾時再告訴客戶一次。

(7)如果有可能，把客戶的話記錄下來，這樣不僅將來有確認必要時可以用上，而且也可以運用它來作為提升業務人員應對技巧、進行崗前培訓的資料。

第三節　與顧客產生共鳴

通過積極的聽，我們已經辨別了顧客感到不滿意的內容或原因和他們要表達的感覺或情緒。現在我們來看一下怎樣與顧客產生共鳴。共鳴的定義是站在他人的立場，理解他們的參照系的能力。它與同情不同。同情意味著被捲入他人的情緒，並喪失了客觀的立場。

在大多數情況下，當顧客難過時，尤其是他們的業務或個人關係遭到破壞時，我們會很容易地與他們產生共鳴。引起顧客難過的原因有：

- 他們的期望沒有被達到；
- 他們的期望是非理性的；
- 他們這一天過得糟糕透了。

向顧客表現出你的共鳴是很重要的。

如果我們和顧客面對面時，共鳴是很容易表現出來的。使用身體語言，例如點頭、做一個關切的表情、向顧客微傾身體等都能夠表達關心。然而，用語言表達共鳴是重要的。如果是在電話裏這就更加重要了。

要使用對顧客的感受領會的語調來說出共鳴。直接並嚴肅地告訴顧客，你能夠認識到他們承受的東西是重要的。

我們將會用到的共鳴技巧有：

覆述內容：用你自己的話重述顧客難過的原因。

對感受做出回應：把你從顧客那裏感受到的情緒說出來。

例如：

當你……(內容)。(內容是引起感受的原因。)那是……(感受)，當……(內容)，能夠理解你的……(感受)。

其他的方式有：

・你感到(感受)是因為……嗎？

・你的意思好像是當……？

・當(內容)時，會感到(感受)。

・聽起來你是因為(內容)而感到(感受)。

・如果這事發生在我的身上，我也會感到(感受)。

・我能理解你因為(內容)而感到(感受)。

・看起來你因為(內容)而感到(感受)。

不要只是說：「我能夠理解。」這像是客套話。你可能會聽到顧客回答到「你才不能理解呢——不是你丟了包，也不是你連衣服都沒得換了。」如果你想使用「我能夠理解」這種說法的話，務必在後面加上你理解的內容(顧客難過的原因)和你聽到的顧客的感受(他們表達的情緒。)可以應用的共鳴表達如下：

・「我能夠理解由於你的包找不見了(有關的內容)，你很失望(反映了感受)。

・「如果我丟了自己最喜歡的衣物時(重述了內容)，我也會擔憂的(反映了感受)。

・「在經歷了長途旅行後(重述了內容)，聽起來您真是累壞了(反映了感受)。

練習：

寫出共鳴的表達。為我們前面介紹的三個顧客情景寫下共鳴的表達，覆述內容（顧客難受的原因）並反映感情（他們表達的情緒）。但不要道歉！就像我們討論過的，這些例子是用來單獨地練習每個技能，然後在把它們結合起來的。很明顯在真實的世界中，你可以更加緊密地將共鳴、道歉和解決方案綜合起來使用。

答案：

顧客情形 1

三種可行的說法（也是不要三個一起用！）是：

・我能夠理解我們接連三次爽約，沒能準時交貨(重述了內容)，您感到很失望(反映了感受)。

・這可能使您不敢再相信(反映了感受)我們再次提出的交貨日期(重述了內容)。

・如此不確定的交貨(重述了內容)肯定給您管理的項目帶來了困難(反映了感受)。

顧客情形 2

三種可行的說法是：

・我能夠理解由於您已經等了半個小時，現在才發現排錯了隊(重述了內容)的沮喪(反映了感受)的心情。

・如果我想到又要重覆一遍程序時(重達了內容)，也會很擔憂(反映了感受)。

・我知道當您本可以做其他的工作時在這兒絆住了腳(重達了內容)是多麼的費時(反映了感受)。

顧客情形 3

三種可行的說法是：

・我能夠理解由於系統沒有達到您的期望(重述了內容)，您感到很沮喪(反映了感受)。

・當我想到新買的系統穩定性有問題時(重述了內容)，也會很擔憂(反映了感受)。

・聽起來您擔心(反映了感受)系統永遠不能處理完工作量(重述了內容)。

第四節　協商解決、處理問題

在明確了顧客的問題和需求之後，下一步就是協商一個雙方均可接受的方案，和顧客進行協商，並答覆顧客。

在很多時候，我們實際上很難做到顧客提出什麼我們就做什麼，例如顧客提出的一些不合理的要求和公司規定外的要求，也不得不拒絕顧客，但要注意方式和方法，要讓顧客感到我們在尊重他，在關注他，但又能恰當地處理問題。

1.耐心地與顧客溝通，取得他的認同

溝通是處理顧客投訴時最常用，並且也很奏效的一種方法，運用熟練的溝通方式和技巧往往會讓顧客很容易認同和接受。大多數顧客都認同不是所有的產品和服務都是100%合格，出現差錯是在所難免的，但是要求在遇到問題時能夠得到耐心週到的服務。對顧客來說更看重的是對自己的尊重和貼心服務，所以往往這類顧客的投訴，我們進行了補償或/和替換產品(含服務)，並附加週到熱情的服務，就會讓顧客滿意而歸。

而對於另外一些難以應對的顧客來說，儘管他們的期望和要求已經超出了公司服務和補償的範圍，但是我們要記住「顧客不是永遠都是對的，但是顧客是第一位的」，我們仍然耐心地為顧客解釋。特別要注意的是，不要因為顧客的無理取鬧或是提出過分要求就把

顧客拒之門外，首先要做的還是要尊重顧客，務必在溝通方式和方法上做到有理、有利、有節。

2.快速、簡捷地解決顧客投訴，不要讓顧客失望

快速、簡捷地解決顧客的投訴就是解決顧客投訴要時間短、環節少、效率高。顧客在投訴的時候往往已帶著怨氣，他們最大的希望就是能夠快速、簡便地得到解決和補償。這個時候的顧客在心理上是很脆弱的，如果再遇到公司在處理投訴時出現服務不佳、推卸責任或是延遲延辦的情況，顧客的不信任或抱怨就存在升級的隱患，最終顧客將徹底地離開我們。

解決顧客投訴的時候要行動快、時間短、效率高，通常的方法我們可以採用一站式服務法，由受理人直接指導顧客辦理投訴的相關內容和手續，這樣就省去了過多人參與所延遲的時間，也提高了辦事的效率。

心得欄 ------------------------------------

第五節　答覆顧客

經過顧客和公司雙方協商，共同努力將投訴處理完畢後，客服人員應該給顧客一個明確的答覆。這體現了公司認真負責、誠心誠意為顧客服務的宗旨，並且可以通過答覆顧客瞭解顧客的滿意情況及顧客的期望和建議，這對我們後續的改進是至關重要的。

答覆顧客的方式是多種多樣的，如：面對面的答覆、電話答覆、E-mail 答覆等等。無論那種方式都應該包括對處置結果的說明和對顧客的感謝。答覆顧客通常分為：

1.處置結果答覆

答覆顧客首先應該為顧客準確說明處置結果，例如：如何處理、何時、何地、聯繫人、顧客如何配合等，有時是為顧客提供翔實的處置計劃，包括：關照補償、替換產品/服務、退貨或專項服務等。其次客服人員還應該表示出對顧客的感謝，感謝他們對我們的信任和幫助，並徵詢顧客還有什麼期望和建議，以有利於我們工作的改進。

2.升級處置答覆

升級處置通常是顧客提出的要求超出了客服人員處理的權限，需要上一級主管出面協商解決或批復時處理顧客投訴的一種方法，也是國際上推崇的一種方法。升級處置答覆是給顧客一個預想的期望，要求客服人員向顧客準確說明投訴升級處置可能的方法、流程、時間跨度等，並表示出對顧客的歉意。特別要注意的是，在答覆顧客升級處置的時候，不要讓顧客認為我們是在推卸責任，而是通過溝通讓顧客理解這是處理顧客投訴的必要程序。

第六節　若顧客仍不滿意，徵詢其意見

客服人員在處理顧客投訴的時候，有時會遇到非常挑剔的顧客，這些顧客有的要求過於苛刻、有的期望值過高、有的無理取鬧。面對這樣的顧客，可以通過徵詢的方法瞭解他們預期的解決方案，看看到底他需要如何的服務、補償和處理的方式才能夠平息心中的不滿，盡我們最大的可能來滿足顧客的需求。

當然，如果顧客提出的意見超出公司的規定或是你的權限範圍，我們還是要尊重客戶，多採用靈活的應對策略，如溝通技巧、服務補償等方法說服顧客，取得諒解。如果顧客固執己見，特別是一些「無理」的或是難以達到的要求，可以通過上級協調或進入外部評審程序解決。

心得欄 --

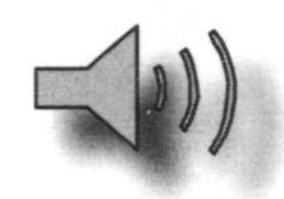

第七節　跟蹤服務

對投訴的顧客進行跟蹤服務是對我們處理顧客投訴的效果的驗證，同時也是顯示我們對顧客負責和誠信的一種方式。顧客的忠誠是與貼心的服務分不開的，跟蹤服務就是一種重要的管道，一個電話、一封郵寄的信函讓顧客感覺到溫暖和信賴，自然我們就有機會挖掘顧客的更多、更深層次的需求，使我們的服務工作做得更全面、週到、細緻。

跟蹤服務的方式有多種，如：電話、E-mail、信函、客戶拜訪。通常我們用得最多的是電話回訪的方式，例如客服熱線等。

心得欄

第 6 章

有效處理客戶抱怨的六種方法

客服人員的言談舉止和服務技能是企業外部形象的直接展示，直接影響到顧客的滿意度和忠誠度。

一名優秀的客服人員應該在工作態度、個人儀表、服務禮儀等方面具備一定的素養，而且還要熟練掌握顧客服務的技能。有效處理客戶抱怨的方法有：「一站式服務法」、「服務承諾法」、「替換法」、「補償關照法」、「變通法」、「外部評審法」。

第一節　一站式服務法

客服人員的言談舉止和服務技能是企業外部形象的直接展示，直接影響到顧客的滿意度和忠誠度。一名優秀的客服人員不但應該在工作態度、個人儀表、服務禮儀等方面具備很好的素養，而且還要熟練掌握顧客服務的技能。

顧客投訴處理的方法和技巧就是客服人員掌握的一項重要技能，就如同駕駛員要學習駕車技能一樣，客服人員要掌握的不僅僅是如何面對抱怨的顧客，如何與之進行溝通，更重要的是如何有效地平息和處理顧客投訴，讓顧客帶著抱怨來而載著滿意走。

「一站式服務法」就是顧客投訴的受理人員從受理顧客投訴、信息收集、協調解決方案到處置顧客投訴全過程跟蹤服務。因為在處理投訴時流程繁瑣、職責不暢、推諉扯皮、手續過多等因素，很多顧客不願意投訴或是投訴後又放棄了，這部份顧客對投訴是否能夠解決一直持有懷疑的態度。「一站式服務法」就是為了消除顧客的這種疑慮，從受理到處置完畢都由專人負責的投訴處理方法，它能夠減少投訴處理的中間環節以提高處理效率、避免推諉扯皮、縮短處置時間，讓顧客體驗到貼心、高效的優質服務。

「一站式服務法」要求：

1. 快速——受理人直接與顧客溝通，瞭解顧客的需求，協商解決方案，指導顧客辦理相關手續，簡化處置流程，避免多人參與延遲時間，提高辦事效率；

2. 簡捷——就是省去複雜的處理環節；

3. 無差錯——避免因壓縮流程而產生差錯，造成顧客重覆投訴。

心得欄 --

第二節　服務承諾法

面對各種各樣的顧客和不同種類的投訴，受理人員經常會遇到不能當場解答或是處置的情況，例如：顧客投訴時，涉及人員或部門較多，受理人員無法當時就能確定事件緣由，現場處理的；受理人員沒有權限處置，需要逐級請示的；為顧客提供替換產品，而替換品沒有到貨等類型的投訴。儘管我們不能立即對這些投訴作出一個滿意的處理，但是我們要理解顧客希望馬上得到妥善解決的焦急心態，要給顧客一個明確的承諾，承諾投訴處理的時限、預期的處置過程和結果。這一點是非常重要的，體現了對顧客負責、真心實意為顧客解決問題的企業形象。

「服務承諾法」是本著為顧客負責、以顧客為本的服務精神，為緩和矛盾進一步升級的一種策略。進行分步解決顧客投訴的措施，它能夠給受理和處理人員一個緩衝時間，充分瞭解和掌握投訴的始末和真相，給出更公正的解決方案。同時也是給那些投訴時情緒不穩定和提出過高期望的顧客一個冷靜思考的時間，平靜下來協調解決，是緩解矛盾進一步升級的一種策略。

服務承諾法的內容如下：

1. 向顧客闡明公司的服務宗旨、服務信譽和對於顧客投訴處置的方針和原則，向顧客解釋投訴為什麼不能立即處理的原因，給顧客樹立信心，讓其充分信賴公司處理顧客投訴的能力和決心。

2. 向顧客說明投訴處理需要的過程、配合和時間，向顧客承諾投訴處置時限、預期和結果。

向顧客承諾的服務要真實、可行、明確，例如：什麼時間由誰負責與顧客聯繫，需要顧客如何配合處理等。不能兌現的承諾就不要承諾，企業對客服人員的授權應該包括對服務承諾的授權，確認「那些可以承諾，那些不能承諾」，避免招致顧客的二次投訴。

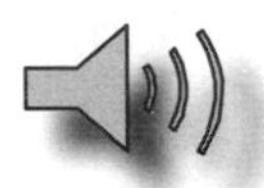

第三節　替換法

「替換法」是因為顧客接受的產品或服務存在品質問題，企業需要為顧客替換同類型或不同類型產品或服務的投訴處理方法。

顧客購買產品或服務就顯示他們有需求，而對產品或服務品質一旦發生投訴，顧客就會考慮到是否退貨或者是選擇其他的供應商。是否能挽留這部份顧客，讓顧客滿意並且忠誠，很多的類似投訴的處理，就是看我們的客服人員是否能夠主動、耐心地做顧客的工作。

「替換法」就是提供給銷售人員和客服人員面對這樣的顧客投訴如何處理的方法。

客服人員是顧客的秘書，在顧客表現出不滿的時候，就應該考慮顧客不滿的原因，積極地探詢顧客的想法，並為顧客排憂解難。顧客對產品或服務的品質進行投訴，銷售人員和客服人員首先要做的事就是以主動、耐心、積極的服務贏得顧客的信賴，在瞭解顧客的需求後，進而可以向顧客推薦更換產品或服務。

在接受投訴顧客返還的產品或服務時，需要核實投訴的真實性，並確認產品或服務存在的問題是否屬於規定的退貨、保修、更換的範圍之內。

對於產品或服務因顧客的責任造成，而又不屬於更換範圍之內的，應該耐心地向顧客澄清責任，與顧客充分溝通，爭取顧客的諒解，建議維修。

產品或服務在退貨、更換範圍內時，客服人員可以推薦顧客替換類似商品或者其他替代品，並爭取顧客的同意。例如：為顧客更換一部同類型的手機；酒店裏為顧客更換另外一間套房。

第四節　補償關照法

有時我們會碰到難以取得真正圓滿結果的問題，一種是因為顧客使用了我們的產品或服務，受到了無法挽回的損失或傷害；另一種是長期保持業務往來的重要的顧客或是影響力較大的顧客，突然對我們的產品或服務進行投訴。這是顧客投訴處理過程中比較複雜和棘手的問題，是否能夠圓滿解決，會直接影響到公司的聲譽和經營，嚴重的還會惹上官司。為了避免事態的擴大，迅速有效地平息和解決顧客的投訴，不妨試一試「補償關照法」。

「補償關照法」是體現在給予顧客補償性關照的一種具體行動，其目的是讓顧客知道你認為你所犯的錯誤、不管什麼都是不能原諒的，要讓顧客知道這種事情不會再發生，且你很在意與他們保持業務聯繫。

使用「補償關照法」應首先考慮去評估顧客損失或傷害，這就包括評估顧客受到損失或傷害的類別和影響程度，如：顧客在超市買日用品時由於地板滑，摔了一跤造成骨折，所產生的醫療費和延遲工作的損失等。在評估顧客損失或傷害程度時應盡可能對顧客造成的直接損失進行量化，不能量化的最好與顧客協商，達成共識，當然還是應該以事實證據為準。

經驗告訴我們，對投訴處理人員分級授權往往可以有效、迅速地處理簡單的顧客補償關照，提高工作效率，贏得顧客滿意。而複雜的、特別是涉及到補償的，這就需要上級批示，甚至由公司管理層決定補償方式和賠償措施。需要注意的是，企業在授權的同時應該明確補償關照的原則和適用並可選擇的方法。

在提出補償關照之前，應該先傾聽顧客有什麼樣的需求和想法，才能有針對性地提出補償關照方案，更準確和快速地達成共識。顧客的需求和想法包括：顧客希望我們做什麼，怎樣才能彌補顧客受到的損失或傷害。

顧客投訴處理人員可根據公司授權範圍，靈活選擇使用補償關照的方法。一般情況下，我們需要掌握的補償關照方法有：

1.打折，如：外表被刮傷的冰箱打七折銷售給顧客。

2.免除費用，如：免除寬頻上網一個月的使用費用。

3.贈送，如贈送禮物、商品或同類型的相關服務。

4.補償，如：醫療事故造成病人的殘疾，給予補償。

5.額外成本，如：答應週二送到的貨還沒收到時，免費連夜派專人送去。

6.精神補償，如：電話致歉，負責人當日致歉；贈送禮品慰問等。

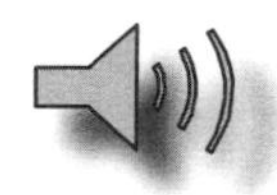

第五節　變通法

「變通法」是在我們與顧客之間尋找對雙方都有利，建立在雙贏理論基礎上、讓相關方感到滿意的合作對策。這種方法容許兩個不同的人站在同一邊，看到同一個問題，瞭解需求及一起工作來創造變通方案。

例如：顧客來退回才購買的冰箱，他的需求是要退貨；客服人員的需求是：讓顧客滿意，維護公司的聲譽和誠信，但是顧客未攜帶說明書和相關資料(公司規定必須攜帶)，經查驗發現冰箱已經被用過。變通方案可以是協助顧客與廠商直接聯繫，要求退貨或更換，可以提供相關信息給顧客。

「變通法」適用於非公司的責任所造成的顧客投訴，並且公司沒有權限滿足顧客的要求時。這種方法是立足於滿足顧客的要求，維護公司的聲譽和誠信，所採取的對公司和顧客都有利的投訴處理方法。變通法舉例：

- 我們馬上與廠商聯繫給您退貨和賠償；
- 我們提供給您廠商的聯繫方式和地址，您可以與廠商直接聯繫退貨或更換。

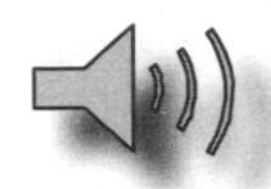

第六節　外部評審法

「外部評審法」是在內部投訴處理過程行不通時，選擇的一種中立路線，從而解決投訴的方法。

我們積極宣導顧客投訴，同時也在努力地為顧客積極地解決投訴。處理顧客投訴最好的方案就是將顧客投訴通過內部處理流程來解決，但即使是最有效的投訴處理系統，也不能期望拿出一個讓每一個投訴者都滿意的共同解決方案。如果雙方可接受的差距過大，一旦陷入僵局，就有可能有兩種結果，一種是顧客可能會採用法律行動來維權；另一種是顧客徹底地離開我們，並向身邊的人宣洩自己的不滿過程，無論是那種結果都是我們非常不願意看到的。這種情況下，還是應該力爭協調解決，我們可以向顧客推薦使用外部評審程序，申請企業和顧客之外的第三方機構進行調解或仲裁。

「外部評審法」可以使投訴在未向外界公開之前得到解決，避免了顧客採取進一步行動向媒體、其他機構施加壓力，使事件陷入無法收拾的地步。對於顧客來說，更容易接受外部評審程序作出的處理結果，而向顧客建議選擇外部評審程序，也體現出我們對顧客負責和解決問題的誠意，可以取得顧客的信任。

第 7 章

應對客戶抱怨的六種溝通技巧

通過語言、行為舉止向顧客表示同情，受理顧客投訴，與顧客協商解決方案。接受顧客投訴時，核定事實並向顧客表示歉意，用顧客能接受的方式取得顧客諒解；針對投訴採分段說明與顧客體驗結合，以取得顧客認同；為平息顧客不滿，主動瞭解顧客需求和期望，取得雙方認同接受。

第一節　移情法

據調查，企業成功的要素中就包括員工是否善於與人溝通。擅長溝通的人能夠很快融入企業的文化，完成工作和處理事情的效率比較高，為公司作出貢獻也大一些。在處理客戶投訴時，有效而成功地與顧客溝通，更是圓滿處理顧客投訴的關鍵。

顧名思義「移情法」就是通過語言和行為舉止的溝通方式向顧客表示遺憾、同情，特別是在顧客憤怒和感到非常委屈的時候的一種精神安慰。其目的就是使顧客敞開心靈，恢復理智，和顧客建立信任。這種溝通的方法通常適用於顧客在情緒激動，正在發洩不滿時。對比而言，移情與同情的區別就在於，同情是你過於認同他人的處境，而移情是你明白他人的心情。「移情法」用語舉例如下：

- 我能明白你為什麼覺得那樣……
- 我能理解你現在的感受……
- 那一定非常難過……
- 遇到這樣的情況，我也會很著急……
- 我對此感到遺憾……

王先生在出差前急於從銀行的自動提款機提取現金，可是沒想到匆匆忙忙地來到銀行的自動提款機提款時，銀聯卡卻被自動提款機「吃掉」，眼看去機場的客車就快開了，心急如焚的他暴跳如雷，喋喋不休地向大堂經理投訴。

演練：銀行的大堂經理夏經理看到，怒髮衝冠的王先生上來就是劈噼啪啦的抱怨，拉著夏經理就要投訴，這時夏經理看到顧客暴跳如雷，他應用了「移情法」。

夏經理：先生，我看到您這樣我也很著急，您能不能告訴我都發生了什麼事。

王先生(平靜一點)：我到你們的取款機上提錢。可是銀聯卡被機器「吃了」，我馬上要出差，機場客車快開了，可是我的銀聯卡還在機器裏。

夏經理：我很理解您現在的感受，這樣吧，我馬上和技術人員聯繫，把您的卡從提款機裏取出來，您還是到櫃台來取款吧。發生這樣的事，我們感到非常的抱歉，我們接下來會查找原因，下次不再發生這樣的情況。

王先生：謝謝你了。(滿意的等待中)

第二節　三明治法

調查顯示：90%的不滿來自顧客認為企業或服務者不願承擔責任，樹立不說「不」的服務和不說「我們」只說「他們」的責任承擔理念。在與顧客溝通時受理人員沒有權限或是做不到時就會對顧客說「不」，例如：「按照我們的規定不能辦理」、「這不是我們部門的事情」、「我不知道」等。這樣生硬的拒絕會給顧客一種感覺，就是你沒有能力處理或者是他不應該來投訴。一旦給顧客留下這樣的印象，將很難與顧客作進一步的溝通。顧客關係管理學強調面對顧客時並不是都不能說「不」，但是可以不說時就儘量不說，這樣可以消除顧客的心理隔閡，更有利於與顧客的溝通。

「三明治法」就是告訴我們與顧客溝通時如何避免說「不」的方法。這種方法適用於受理顧客投訴、與顧客協商解決方案和顧客對解決方案不滿意等情況。

「三明治」：兩片麵包夾火腿。「三明治法」就是兩片「麵包」夾「拒絕」：

第一片「麵包」是：「我可以做的是……」告訴顧客，你會想盡一切辦法幫助他，提供一些可選擇的行動給顧客，雖不是他最想要的，但有助於減少顧客沮喪的心理感覺。第二片「麵包」是：「您能做的是……」告訴顧客，你已控制了一些情況的結果，向顧客提出一些可行的建議，供顧客參考。舉例如下：

- 我們可以做……
- 您可以做……

林小姐半個月前購買了一張省內 100 元的電話卡，在使用了一段時間後要求退餘款，理由是「我由於工作調動，離開此地到其他地方，該卡不能在外地使用，並且有效期僅到年底，而在年底之前還回不來。」可是電信公司規定電話卡售出，除非發生壞卡，不得退款。

演練：

客服人員:「林小姐，我們很理解您的想法，您要是離開這裏，這張卡的餘額浪費了確實比較可惜。按照我們公司的規定，只有在電話卡發生損壞時才可以退款，也希望您能理解。類似於您這樣的情況，我們可以向其他買卡的人推薦一下，按照卡內的餘額原價轉讓給其他人，您也可以看看您的家人或週圍的朋友是不是需要用電話卡打長途電話，您看這樣好不好？」

心得欄 ----------------------------------

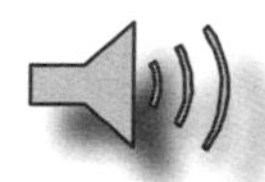

第三節　諒解法

「諒解法」要求受理人在接受顧客的投訴時，迅速核定事實，並向顧客表示歉意，安撫其情緒，儘量用顧客能夠接受的方式取得顧客的諒解的方法。例如：考慮其他顧客的需求或感受來解釋，或是提供充分售後服務，如免費維修、包退、包換等減少或彌補顧客的損失，取得顧客的諒解，贏得顧客的信任。

「諒解法」使用的技巧就在於溝通時是以同意取代反對，以更好地與顧客溝通取得顧客的認同。這種方法適用於受理顧客投訴、與顧客協商解決方案和顧客對解決方案不滿意等情況。「諒解法」用語舉例如下：

- 避免說：「您說得很有道理，但是……」；
- 「我很同意您的觀點，同時我們考慮到……」

某培訓公司在濱海大酒店舉辦了三天的行銷技巧研討會，參加研討會的人員來自全國各地，他們飲食習慣當然是有所不同的，這下可把會務人員給難住了，所以在安排飲食的時候，一是儘量安排同一個區域來的人員在一起；二是在餐飲安排上有的菜清淡、有的菜口味重、有的菜辣、有的菜酸。可是在研討會的第一天有幾個學員投訴，這裏的菜不夠辣。

陳經理是這次會務的負責人，在接到少數幾個顧客的投訴時，陳經理耐心地向顧客解釋說：

「聽到幾位的抱怨，我們感到非常的抱歉，這表明我們的工作做得還不夠細緻。我們很理解你們的感受，你們非常的辛苦，飲食上就更應該順口一些。由於這次是來自各地區的代表參加本次研討，我們考慮到不同的區域飲食習慣的不同，有的地域來的人少、有的來的多、有的人喜歡口味淡一點、有的喜歡口味重一點，所以餐桌排位不好搭配才會引起你們的不滿，同時也希望你們能夠諒解。聽到你們的回饋，我們商量了一下看是不是我們改成自助餐的形式比較好一點，如果其他參會人員不同意的話，我們就單獨為你們換幾道辣的菜好不好？」

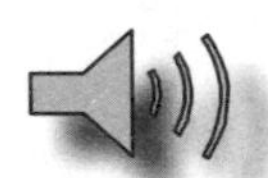

第四節　3F 法

「3F 法」就是對比投訴顧客和其他顧客的感受差距，應用利益導向方法取得顧客諒解的溝通技巧，是心理學中從眾心理的一種應用。這種方法針對不完全瞭解產品和服務就投訴的顧客，適用於受理顧客投訴、與顧客協商解決方案的情況。基本內容如下：

- 顧客的感受(Feel)→我理解您為什麼會有這樣的感受；
- 別人的感受(Felt)→其他顧客也曾經有過同樣的感受；
- 發覺(Found)→不過，經過說明後，他們發覺這種規定是保護他們的利益，您也考慮一下好嗎？

劉先生和高先生是在台北金融大廈裏某廣告公司的兩個員工，星期二中午由於公司的影印機壞了，經理告訴他們把影印機搬到維修中心去維修。可是劉先生和高先生在搬運影印機下到大廈的樓口時，大廈的保安向他們兩位要影印機公司出具的放行證明，由於時間比較緊，劉先生就非常生氣地說：「我們都是廣告公司的職工，又不是偷東西的，影印機是我們自己的，自己的東西拿去維修還要什麼放行證明？」

使用「3F 法」說服顧客，為了確保業主物品的安全，大廈內辦公設備的出入需要公司放行。

大樓保安：「先生您好，我非常理解您現在的感受，這項規定是大廈的物業管理處防止在大廈內辦公業主的財物被盜竊的一項舉措。很多業主在搬運辦公設備出大廈的時候因為沒有放行證明，也感到很麻煩，可是我們向他們說明以後，他們發覺這種規定是保護他們的利益，所以每次搬運設備的時候都開放行證明，您看是不是也上樓開一張呢？」

第五節　7+1 說服法

「7+1 說服法」就是針對顧客投訴的產品或服務進行分段說明與顧客體驗相結合，以取得顧客認同的一種溝通技巧。

這種方法適用於顧客的要求超出公司規定時和說服顧客，取得共識的情況。「7+1 說服法」的基本內容如下：

- 與顧客討論，使之分段同意
- 顧客的體驗

如今生活工作都在城市裏的白領女性，都注重衣服穿著。徐小姐在一家軟體公司做市場推廣工作，經常會走訪顧客，所以對穿著的要求非常嚴格。星期天徐小姐買了一件職業套裝，非常滿意。可是一週後發現這件套裝在洗後衣服縮水變小，不能穿了，於是投訴到商場要求退換。而商場的規定是如不適合，在未穿、洗的情況下，一週內可退貨。如超過一週，在未穿、洗的情況下可換貨。

商場客服人員：「徐小姐您好，帶給您的不便我們非常抱歉。

您還是非常有眼力看中了這件套裝，現在這個款式賣得很好，你買的這件就是洗了以後小了，可以想像穿在你身上一定不錯。」

徐小姐：「是挺可惜的。」

商場客服人員：「從顏色上看，白領女性工作時穿黑色顯得端莊、斯文，和您的氣質比較相符；款式上是採用香港設計師設計的職業女裝，是今年很流行的小領口服飾，比較適合城市女性在工作場合穿著，您看對吧？」

徐小姐：「對呀。」

商場客服人員：「這件套裝是「真絲綢」面料，作為夏季的衣服，真絲衣服不僅吸濕和散濕性能好，而且還是一種蛋白質纖維，對人體皮膚非常有益，加之重量輕、厚度薄，因而穿起來非常涼爽。您看是不是？」

徐小姐：「對。」

商場客服人員：「您對這一款的衣服是很欣賞的，現在還有很多號碼的，您可以換一件稍微大一點的，水洗後合身的或是買一件合身的，建議您今後在洗的時候改用乾洗，這樣好不好呢？」

心得欄 --

第六節　引導徵詢法

「引導徵詢法」是一種為了平息顧客不滿，主動瞭解顧客的需求和期望，取得雙方認同和接受的溝通技巧。單方面地提出顧客投訴處理方案，往往會引起顧客的質疑和不滿，我們可變換一種思路來主動詢問顧客希望的解決方法，有時卻更能被顧客所接受。不管對於公司還是顧客，解決投訴都有雙方的承受限度，「引導徵詢法」就是探知顧客想法的方法。如果顧客的要求在公司接受範圍內，雙方很容易達成共識；如果顧客要求過高，採用其他的方法，如：進一步溝通、關照補償、外部評審法等措施。這種方法適用於受理顧客投訴、與顧客協商解決方案和顧客對解決方案不滿意等情況。「引導徵詢法」用語舉例如下：

- 您需要我們怎樣做您才滿意呢？
- 您有沒有更好的處理建議呢？
- 您覺得另外幾種方案那一個合適呢？

羅先生一個月前在酒店預訂了 15 人一桌的酒席與親友歡聚，被確定在錦繡廳，交付了定金。20 天后酒店來電話告知，說酒店為了提高效益，在羅先生預訂的錦繡廳內要放四桌。羅先生覺得非常為難，於是投訴酒店。

酒店餐飲部何經理在聽取羅先生的投訴後，非常抱歉地向羅先生解釋，酒店平時客流量不太大，正好在前一段時間有一個旅行團入住，預訂了餐廳。餐廳也是沒有辦法才考慮和羅先生商量是否可以在廳內放四桌，如果羅先生不同意的話，按照規定退還給他定金的雙倍 400 元。羅先生聽完後還是不滿意。

羅先生說：「你們在我預訂酒席 20 天后才通知我，我都已經通知別人了，現在再改，也太不負責任了吧？」

何經理說：「羅先生，這件事情確實是我們的責任，給您造成了不便，我向您道歉，您覺得怎麼樣處理比較好呢？」

羅先生說：「那就這樣吧，我訂的廳推後一週辦，還是一桌酒席，但你們要給我打折呀。」

何經理說：「好，那就按您說的辦好了，我們一定給您安排好，到時按照實際收費打九折給您好嗎？」

羅先生說：「好，那就這樣吧。」

心得欄

第 8 章

建立客戶抱怨管理體系

企業必須積極地建立一套客戶抱怨管理體系，把組織結構固定下來。投訴處理部門可由兩個並列部門組成：運作部門，對每天的投訴做出回應；支援部門，幫助確定和消除問題出現的原因，確保顧客知道到那裏去投訴，怎麼投訴，看投訴是否按照已有的程序在處理。

投訴處理部門要站在顧客的角度來分析顧客為什麼投訴、投訴顧客的期望，以便改善公司的運作方式。

第一節　設立投訴部門的意義

一、不打無準備之仗

企業必須積極地為建立投訴管理部門提供正常運作的前提條件。其基礎就是，在自己的企業裏把組織結構固定下來。小企業可以培訓業務人員及相關人員掌握這種運作流程，企業越大，就越有必要建立固定的相應組織結構。

是否擁有有計劃的固定的工作流程模式，也取決於企業的規模。需要絕對瞭解你的客戶——並且是所有的客戶。必需的一整套方式方法要確定下來，當然在不同行業各不相同。

在任何情況下都應建立一個客戶資料庫，並且至少要包括以下信息：

1. 所有民意測驗的客戶資料，包括通訊地址、電話、傳真、電子郵件等。

2. 所有非民意測驗的對你及你的企業有重要意義的客戶資料，如客戶自己有房還是租房、有無孩子、是自由職業者還是職員、是否已婚、生日、興趣愛好等。

3. 客戶在前三年中銷售額的全部資料。

4. 客戶的全部銷售資料。

5. 如果可能的話，客戶的全部支付情況。

6. 聯繫客戶的頻率。誰在什麼時間與客戶談過什麼，寫出上述內容，並附上負責這位客戶的員工的名字。

7. 投訴頻率。客戶在什麼時間就那一問題指出了本企業的不足，本企業又採取了什麼措施來彌補這些不是。

借助常用的數據庫或電腦程序可以毫不費力地建立一個這樣的客戶資料庫，也可以借助文本處理來建立這樣一個資料庫(在複印紙上列出一位客戶的所有資料)。要為每位客戶都建立這樣一頁資料庫，並不斷補充以新的內容。

沒有必要不斷地把所有的客戶資料都列印出來。只要需要這些資料的員工能在自己的電腦中找到它們，並能在與客戶打交道時馬上想到他的個人情況就足夠了。

檢查你的企業裏組織流程的實際運行情況，並向自己提出以下問題：

1. 從收到客戶寫在一張紙上或一張提示字條上或打電話時轉達給我們的意見及投訴，直到妥善處理和解決意見及投訴反映出的問題，需要多長時間？

2. 我指定的負責管理客戶意見和投訴的這名員工(或多名員工)是否有能力和責任心最終解決問題？還是在每做出一個決定時，他們都要向我或他的上司徵求意見？

3. 意見和投訴如何到達我這兒，是間接地通過其他人還是直接從客戶那裏；是以電話方式，還是面對面的方式，或是由我的運輸司機或在外面工作的裝配工人向我報告客戶的不滿。

4. 我及我的員工是否清楚，每一個投訴都會令我們前進？是否清楚，投訴是瞭解客戶的不滿並從中學習的惟一機會？是否清楚，一個對我們不滿且不提意見的客戶會悄悄「消亡」，無言地離開我們？

5. 我及我的員工是否清楚，失掉一位客戶會給我們帶來多大損失？我們清楚招攬一個新客戶的代價嗎？

二、唯有滿意的員工才能帶來滿意的客戶

員工在投訴管理方面的態度和立場必須朝著積極的方向轉變。在這方面，對員工進行堅持不懈的訓練是非常重要的。誰必須天天從事投訴管理，誰就必須喜歡人、肯定人。成功的投訴管理者最重要的特徵是：設身處地為別人著想的能力、敢於面對衝突的熱情以及化解衝突的能力。也就是說，要具備很強的溝通能力。這些特徵並非與生俱來，而是必須經過不斷學習才能獲得的。

主管要定期核查員工的知識水準，不光是業務知識，也包括溝

通能力。與他們談論抱怨和投訴及他們面對抱怨和進行艱難的談話時的感觸。

主管要學會區分「不願意」和「不能」的問題。學會區分後，你將會得出這一結論，即：並非企業的所有員工都認為抱怨和投訴有益於企業。下面看看「不願意」和「不能」的區別。

假如一位員工不能正確地與客戶打交道，是「不能」的問題，這種情況相對容易處理。對這名員工進行足夠的能力訓練，就會使他的溝通能力得到相應擴展。而不喜歡任何投訴的員工遇到的則是「不願意」的問題。這位員工大多數情況下也不會喜歡他的客戶。員工中的「不願意」問題比「不能」要難解決得多。

對「不願意」的員工來說，存在的是積極性問題；而「不能」的員工遇到的則是對意見和投訴進行處理的操作技巧上的問題。從根本上講，他是願意做的，只不過還不具備相應的溝通技巧。

如果你確定某員工正長期處於「不願意」的狀態之中，你必須做出決定，讓他逐漸遠離你的團隊。

比處理意見和投訴的操作技巧更重要的，是員工對提意見或牢騷滿腹的客戶的立場和態度。

你要不斷地觀察，員工如何與客戶交談，他們與客戶的關係正常嗎，或者談話根本就不涉及投訴的內容，而更多地是涉及這兒誰有權利的問題。

你的員工會與客戶發生爭議嗎？你要定期對員工的溝通效率進行檢查。員工必須能夠傾聽，在令人憂慮的情境下也要保持鎮靜，要掌握各種辯論方法，以便在衝突中也能很好地與客戶溝通。

在與客戶的溝通中，如果你作為企業家或主管，你自己都不能做到遊刃有餘的話，你就聘請一名專業的教練，讓他給你的團隊講解正確的方法，以便你能在佈滿衝突的勢態中也能對客戶有所幫助，並使自己保持某種獨立自主的地位。

在向一位教練請教時，你本人和你的同事與這位教練合作是很重要的。也就是說，要完成一種自上而下的訓練。

只有你自己在與客戶溝通時信心十足，你才能訓練好你的員工。這也能提高員工對領導或老闆的認可度。

只有當老闆自己懂得並且事先也經歷過，員工在訓練中必須學會什麼，他才能獲得員工較高的認可度。這是很自然的，也很符合人性特點。

你要確認，你請的教練在投訴管理和客戶聯繫上的確是內行。你要瞭解情況，給相應的公司和組織打電話，詢問他們的經驗。

即使在訓練以後，你也要培養你的員工有意識地運用語言，在風格方面、辯證法方面，當然也包括純修辭方面。客戶導向尤其體現在對語言的謹慎細緻的運用上。

三、主管必須要身先士卒

企業的領導者(也包括領導風格)必須身先士卒，做出表率。作為主管的你，要發揮最佳的模範帶頭作用。只有當你真正認真對待員工的需求和問題時，員工才能認真對待客戶的問題。

在處理投訴時，你在任何情況下都要作員工的後盾。自信的上司總是作部屬的靠山，總是作自己人的後盾。

現在你可能說:「你說得很輕鬆，但有時在員工闖了禍後，作他的後盾可不是件容易的事情。」你是有責任的，這說明你在執行上存在問題。如果企業擁有不合適的員工，這最終要歸咎於領導人員。

要培養員工的獨立自主性，根據「靠期望來管理」的模式進行領導。就是說，當企業正常運轉時，員工應對整個投訴管理工作負完全的責任。你只在員工向你提出請求——也就是說出現意外的情況時——才出面干涉日常事務或投訴事務。

積極的投訴管理也意味著，總有一定壓力作用於員工，必須有意識地處理好壓力。主管要為消除企業內的壓力做點兒事情。例如，建一個咖啡廳或把休息室佈置得更舒適，在這裏，員工可以互相交談、交流經驗；還應該與員工一道從事一些企業生產經營活動之外的活動，更積極地關心他們。

負責處理投訴的員工必須天天與不滿的人談話，他們需要更多內心的平衡和個人認同。你要認可員工的所有成績。在你的企業內部創造一種這樣的企業文化：在企業內部就像在企業外部一樣存在客戶。每個員工必須像對待客戶一樣對待另一位員工。這就是所謂的「內部」客戶。對待他們必須像對待外部客戶一樣負責。

現在，我們把精力再次集中於外部客戶，集中於那些不斷抱怨和投訴的客戶。作為業務主管或客戶服務負責人，總是毫不遲疑地接聽客戶打來的電話肯定沒有必要，而且不見得總是正確。

在一次全面質量管理和 ISO 9000 的研究中，漢堡大學的埃克哈德· 貝希勒教授指出，最高層管理者通常不接聽客戶的電話。在對聯邦德國的 500 家大企業所作的調查中，教授先生發現，只有漢堡的殼牌股份公司和斯圖加特的南方牛奶股份公司設有一個專門把客戶打來的激烈的投訴電話轉接給最高層領導的內部職位。

如果牢騷滿腹的客戶固執地要與老闆通話，而不想再與下級員工通話，那麼，可以遲幾分鐘接聽客戶的電話比馬上拿起聽筒要明智得多。在毫無準備時與一個在氣頭上的人說話更容易引起或大或小的衝突。

如果能夠做到的話，作為老闆，你要阻止客戶無休止地直接與你通話的企圖，把處理抱怨和投訴的工作留給專職員工。

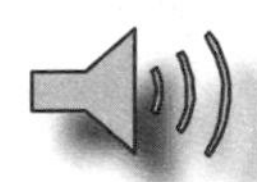

第二節　顧客投訴處置為什麼會失效

站在顧客的角度來分析顧客為什麼投訴、投訴的顧客心智模式和期望，這是我們處理顧客投訴的一項基本工作。

1. 投訴處置失敗的原因：「視顧客為陌生人」

- 沒有關注前來投訴的顧客的感受。
- 不瞭解顧客投訴的主要原因和需求。
- 沒有重視顧客的意見。

應該把顧客看成是我們的好朋友，顧客向我們投訴說明顧客還是信任我們能夠為他們解決問題，而我們的很多企業家並沒有認識到這一點，總是認為顧客來投訴是無理取鬧。還有一些雖然認識到顧客投訴是很重要的，但是面對顧客時卻漠不關心，沒有給顧客一種受到尊重的感覺，其表現有：

⑴客服人員表現出來的是沒有積極地關注顧客投訴時的感受，在潛意識裏僅是顧及到自己的感受，不願意接受顧客任何方面的指責和批評；

⑵不同的顧客投訴時的期望和需求可能有所不同，有的希望能夠快速解決，有的希望在解決後能夠得到相應的補償，所以我們應對的策略也有所不同，但是很多客服人員並沒有意識到這一點，而是受到了慣性思維的影響，在處理這類投訴的時候總是喜歡用以往的經驗來作出判斷，而沒有真正瞭解到顧客投訴時的感受、為什麼投訴，顧客希望我們怎麼做等；

⑶顧客提出了意見就代表顧客信任我們，希望我們能夠改進做得更好，並保持商務往來，這個時候最不可取的就是對顧客提出的

意見不關注，這樣會傷害顧客的心，就有可能使我們辛辛苦苦工作的成績被顧客所否定。

2.投訴處置失敗的原因：「結構影響行為」

- 上級主管不重視。
- 管理無系統。
- 沒有形成服務氣氛。
- 不合理的考評機制。

對於顧客投訴管理而言，一家企業從高層主管的態度、投訴流程的設計、部門職責的界定、獎罰機制等，會影響到員工對顧客投訴處理的決心和行動。

⑴企業外部競爭比較激烈，主管的精力偏重於市場的開發和拓展，沒有重點放在為顧客提供優質服務上。有的主管表現出來是非常重視的，但是缺乏執行的力度和保證的機制，有的主管乾脆就不重視，具體工作人員自然也就是應付顧客了；

⑵沒有形成顧客投訴管理的執行和保障機制，對顧客投訴系統的管理並不完善，片面地認為定個制度就能解決問題，而忽視了管理系統職責不清、推諉扯皮，授權不充分，分析和改進系統失靈等要素；

⑶企業以顧客為中心的服務理念，並沒有貫徹和落實到全體員工的行動上，沒有形成為顧客提供優質服務的氣氛，為顧客提供滿意服務的意識比較薄弱；

⑷為了減少顧客的投訴，很多企業採用了扣錢的考評機制。出現了投訴就追究責任人扣錢，下次發生再扣錢，而沒有從投訴的問題本身來分析原因，提出徹底改進的措施。這樣就會對員工處理顧客投訴造成偏失，產生私底下解決或隱瞞不報等情況，顯然不利於投訴問題的改進。

3.投訴處置失敗的原因：意識的偏失

- 以自我為中心。
- 「我們」和「他們」。
- 歸罪於外。
- 應付顧客。

意識決定行為方式。對於客服人員來說，他們對顧客的服務意識將會直接表露在對顧客的態度、服務效率和服務效果上，最直接的表現就是顧客滿意度和顧客忠誠度的影響。

⑴顧客投訴受理和處理人員以自我為中心，對待顧客態度冷淡、處理效率低、語音語調沒有親和力、不注意顧客感受。

⑵在受理和處理顧客投訴時拒絕承擔責任，過於強調其他人的責任或義務而忽視了自己是企業的一員。在顧客的眼中，每一個服務人員都代表著企業，顧客不會去想這是那個部門沒有做好而出現的錯誤，顧客最不願意看到的就是推卸責任。

⑶不管顧客投訴得對和不對都不願意承認錯誤，而過分地強調他人或顧客的責任，歸罪於外，說來說去自己沒有錯都是顧客的錯，到最後讓顧客感覺到來投訴受了一肚子委屈，心中的火還沒有消又受一肚子氣，無異於火上澆油。這種情況必須在想法意識方面進行糾正。

⑷顧客投訴處理人員抱著應付顧客的態度，能哄就哄，能推就推，全然沒有一點責任感，這種處理投訴的心態看起來是把顧客打發走了，但是隱藏的卻是顧客投訴升級和傳播的風險。

4.投訴處置失敗的原因：沒有掌握更多的技能

客服人員不但需要有為顧客貼心服務的服務意識，同樣面對顧客投訴，其處理的方法和技能也是非常重要的，例如：如何與顧客溝通、如何平息顧客不滿、如何快速解決顧客投訴讓顧客滿意等，都需要客服人員熟練掌握服務方法和技能。但是很多企業卻沒有意識到這一點，更多的是採用行政方式和獎罰制度，沒有更好地採取靈活有效的方法，例如，利用培訓、經驗交流等方法提升客服人員的服務技能，而實際上，很多客服人員仍然是：

⑴滿足於現狀，我做得挺好的，顧客的投訴我都能解決，不需要改進，並不認為分析投訴產生的原因能夠減少顧客的投訴，提升顧客的滿意度，僅僅是把自己的工作做好就行了。

⑵處理投訴就事論事。其實我們強調的是如何處理投訴讓顧客滿意，並且分析投訴的原因，防止再次發生，而不是讓客服人員充當救火隊員，撲滅了火後就相安無事了。找到問題的根本，徹底解決才是最終的目的。

⑶服務技能其中包括有聽、說、問、溝通的技巧，這是客服人員必備的基本的職業技能，但並不是每一位客服人員都能夠掌握和靈活運用的。其實有很多顧客投訴，並不是為了得到補償，而是尋找一種心理的平衡，這個時候具有親和力的貼心服務是解決顧客投訴最好的方法，可以看出服務技能對客服人員是多麼的重要。

⑷客服人員並沒有很好地掌握投訴處置的方法和技巧。適合的就是最好的，所以在處理顧客投訴時，不同需求和性格的顧客，應該使用不同的顧客容易接受的方式處理。

⑸面對一些刁難的顧客，沒掌握應對策略，不能冷靜處理，而是讓顧客投訴升級，給企業和自己造成更大的損失。

5.處理顧客抱怨的分析結果

首先，先試著分析「如果這樣處理的話，我就能夠接受。」(請見表 8-2-1)

表 8-2-1　處理顧客抱怨的分析表

處理方法(手段)	採用次數	比例(%)
(1)以物換物、提供替代品	45	16.30
(2)處理抱怨時的態度 (親切、低姿態、低頭道歉、冷靜、微笑、笑容滿面、良好的電話處理)	38	13.77
(3)說話方式、表現、措辭方式	35	12.68
不責怪對方	(5)	
不把對方當傻瓜	(1)	
聲音輕柔	(1)	
誇獎、討好	(3)	
溫柔的說話方式	(1)	
緩和的對話	(1)	
重覆道歉的話	(4)	
回應對方的話	(1)	
幽默、打趣、拍馬屁的話	(16)	
溫和的語氣	(1)	
不爭論	(1)	
(4)賠償貨款(免費、打折、自己代付)	23	8.33
(5)以簡單禮品來道歉	22	7.97
(6)由上司或職位高的人來道歉	20	7.25
(7)道歉函(信)、口信	17	6.15
(8)訪問、當面謝罪	14	5.07
(9)說明有關抱怨發生的情形	14	5.07
(10)迅速處理	12	4.35

續表

(11)傾聽對方意見以求改善	12	4.35
(12)完全負責修理	4	1.45
(13)號召全公司的人員一起處理	3	1.09
(14)用產品保證來處理	2	0.72
(15)支付小金額(信封錢、郵票錢)	2	0.72
(16)對顧客照顧有加	2	0.72
(17)令人稱讚的處理方式	1	0.36
(18)平常的服務態度	1	0.36
(19)積極投入的態度	1	0.36
(20)徹底調查原因	1	0.36
(21)週全的處置	1	0.36
(22)記住顧客的名字	1	0.36
(23)理解顧客的心情	1	0.36
(24)遵守時間	1	0.36
(25)事過境遷後的妥善處理	1	0.36
(26)請曾經抱怨的顧客來店裏監督	1	0.36
(27)勞動、消息提供	1	0.36
合　計	276	

這些數據，告訴我們處理顧客抱怨時的一些重要訊息。

①處理抱怨時的誠意表現有時是精神上的，有時是物質上的。如果是物質上的損失，有時也必須以東西或金錢來補償。

②不論是怎樣的抱怨，如果處理不當，絕對無法讓顧客接受。

③對於較嚴重的顧客抱怨，不妨把表 3—1 中各個項目的處理方

法加以組合或重覆運用，這樣可能會更有效。

④處理顧客抱怨時要特別注意的一些小秘訣：

· 態度上：要採用低姿態。

· 說話方式：要站在對方的立場，且必須善於交談及說明。

· 處理上：要迅速。

· 有效方法：拜訪，如果能和上司一起去那樣的效果會更佳。同時將道歉函一併附上，同時也可隨手帶一點簡單禮品以示誠意。

⑤如果顧客已明顯受到物質上的損害時，要加倍地賠償。

⑥如果顧客遭受精神上的損害而勃然大怒時，可用上述第④項所列出的有效方法來處理。

⑦特殊情形的顧客抱怨，則要考慮對方和自己的相關因素，以及場合的條件再來決定如何處理。

心得欄 ------------------------------

第三節　推行歡迎顧客投訴的方針

顧客最討厭聽到的話通常是：「很抱歉，我無能為力，這是公司的規定。」很多企業沒有制定歡迎顧客投訴的政策，或是儘管書面上制定了政策，但沒考慮如何在行動上執行這些制度，讓顧客盡情投訴，最終讓顧客滿意，而是一心想減少企業的麻煩。

一、從接受投訴到投訴管理

「請你再說一遍？你認為費用算錯了？怎麼可能？」(銀行)儲蓄窗口的員工感到不可思議。她不相信地盯著這位顧客：「這是我們的電腦中心算出來的，算得分毫不差。電腦中心是不會犯錯誤的。而且，你可以在一般交易條件中查對這筆費用……真難以想像，還會有算錯這檔子事兒。」這位女銀行業務員嘟囔著。「而且，負責你的戶頭的是我的同事。她現在正在休息。」

「不，這可不行。過了4個多星期還退換？」售貨員面帶怒色地看著一位顧客說：「這是我的同事答應你的嗎？」「什麼，印刷機壞了？你一定是裝錯了印刷推動器。你先請回去，再把推動器放到平板上試一次。但你要先看一下使用手冊，這樣肯定行。」

客戶弄錯了。客戶做錯了事。客戶不能正確閱讀使用說明，對技術的理解力太欠缺。「這不可能」，「我不管這事兒」，「你所講的令我難以相信」──每天，把責任推給同事、找藉口、反駁，把責任推給客戶的言語和行為在金融機構、零售業、商場或車行及其他許多企業的員工身上都可以見到。

「投訴管理」和「客戶聯繫」等概念對很多企業老闆來說並不陌生，但他們卻沒有在實踐中貫徹這些概念所講的理念。

概念經常只被作為口頭禪，真正實踐這些理念卻困難重重。設在杜塞爾多夫的德國市場營銷聯盟，每年都用「德國客戶晴雨表」來調查客戶對 40 餘個行業的企業的滿意度和忠誠度。他們得出的結論如下：「在所有被調查的行業中，客戶的滿意度均急劇下降。」

表面上看來，這好像是大眾消費行為的有點令人氣惱的伴隨現象。實際上，它有嚴重的後果。由於無能和不友善的員工攆走了客戶，許多企業的銷售量和利潤都受到了很大影響。

德國中央銀行的前任董事會發言人亨利曼· 考坡爾在一次接受採訪時解釋說，他估計，由於不怎麼接近客戶和員工的努力不夠，他的銀行組織每年大約要損失掉全部營業額的 25%。

日本企業顧問富永(雅馬哈德國分公司前任總裁)接受採訪時說：「德國人根本就不懂客戶滿意和客戶聯繫等概念，那裏的女售貨員充其量只是商品的照管者。」

當人們在日本購物時，富永說，每個日本售貨員都會向顧客致謝，而在聯邦德國，能被售貨員看見就足以令客戶感到幸福了，更別說去抱怨或與售貨員發生衝突了。

所有對聯邦德國的服務質量進行的調查研究都表明這位日本人沒有說錯。根據杜塞爾多夫的「國際研究股份公司」的一項研究，德國人在令客戶滿意方面排在歐洲倒數第三位。

二、要培養歡迎投訴的文化

很多公司並沒有養成或維持「歡迎投訴」的文化。企業往往沒有清楚定義出處理投訴的原則，而且公司制度經常阻礙投訴的處理。有的企業專為客服部門明確處理投訴的指導原則，但整個企業對待投訴的理由卻始終模糊不清。

企業對待顧客投訴的簡單哲學可能是:「顧客的投訴是寶貴的禮物。顧客願意提出投訴，是讓我們留住他們。另外，顧客也是在教育我們，讓我們瞭解產品服務疏忽之處。如果我們能將這些建議綜合起來，付諸行動，就更能符合顧客需求，我們的事業也就能更成功。我們認為投訴即是贈禮，所以我們主動出擊，邀請顧客盡可能提出投訴。」

這樣的宣示可以在組織內部廣為流傳，同時也初步定義出了「歡迎投訴」的文化，鼓勵員工將投訴視為贈禮。企業的文化最終是否歡迎投訴，須由員工的表現決定，但企業能做的是，將這種歡迎投訴的哲學深植於企業的各個角落。

適當地將最高指導原則告知所有員工。很多時候，顧客會聽到第一線員工說:「很抱歉，這種情況我不知道該如何處理！」或者「很抱歉！我幫不上忙。」有些更極端的例子是，員工會說:「這種情況我怕處理錯誤，所以我現在暫時無法幫你。你得改天再來(對顧客不方便的時間)。」

還有的例子是，員工如果不知道該怎麼做或怕犯錯，便會明哲保身。就算員工讓顧客滿意了，如果不瞭解公司的制度，還是可能犯下大錯。當員工犯了善意的錯誤時，管理者跟他們講話時必須小心，才不會造成反效果。同時，管理者可以趁機建議員工其他做法。

有位乘客講述了他與泛美航空公司的故事。多年前，泛美航空機場並沒有像今天這麼大，這位乘客在飛機起飛前五分鐘才抵達登機櫃台。一位新手票務員告訴這位乘客說他趕不上飛機了，因為登機門很遠。這位客人卻一定得上飛機，因為有樁大生意等著成交。如果他沒到場，一切都完了。於是他跟票務員抗議。

票務員腦筋動得很快，心腸也很好：「你拿著行李，跳到輸送帶上，」她說：「我直接送你上飛機，這樣你就趕得上了。」乘客照辦。他到了登機門時，值勤人員有點驚訝，但他總算上了飛機。這位乘客說，他從未忘記泛美航空的體貼，直到泛美航空結束營業之前，他都設法給他們每一樁生意。

顯然，這樣的做法違反了機場安全，是不能容忍的。管理階層如何處理這件事呢？如果櫃台主管打壓這位新手票務員的做法，她會理直氣壯地告訴顧客，「我是照公司的規定來做。」在這種情況下，主管必須運用技巧，讚揚她臨場果決的客服表現，同時也應告訴她，同樣的情況不可以再發生。

員工必須很清楚最高指導原則是什麼。管理者若想確保員工瞭解最高指導原則，可以運用很受企業歡迎的角色扮演方式。例如，先描述某次服務缺失的情況，有可能導致顧客投訴，然後要員工選擇，看他們會向別人求助(員工必須說出求助對象的名字)，還是會自己採取行動(員工說出如何處理)。如果員工的回答不正確或不恰當，管理者可以告訴他們更適當的應對方式。這樣的非正式訓練課程可以幫助員工學習，在投訴發生時，知道如何採取適當的行為，也可以避免管理者面對不必要的意外狀況。

三、以顧客為中心制定利於投訴的政策

許多企業制定政策和制度的前提，是如何讓企業運作得更順利、更有效，而並沒有考慮到顧客投訴的便利性。

下面的例子，都是為企業而不是為顧客制定的政策。

1. 專為顧客而設的服務窗口，其開放的時間卻並不方便顧客。很多客戶服務部門午餐時間都要關門休息，但對忙碌緊張的上班族

來說，午餐時間是他們方便退貨的時間。要不就是午休時服務部門人手不夠，而此時正是顧客要求服務的高峰期，等待解決問題的顧客排起了長龍，許多顧客一看這情形只好告退。

2. 退貨程序——要求顧客必須保存原始包裝才能退。很多顧客家裏都沒有充足的空間來堆放多餘的箱子，就算有地方，他們也不想在家裏放一大堆沒用的廢物。

3. 保證程序——要求顧客保留原始收據，否則保證書不能生效。在電腦技術飛躍發展的今天，要顧客保留厚厚的保證書或在採購之後立即寄回保證卡以免保證失效，這種落後的做法是絕對沒有任何道理可言的，因為這些煩瑣的信息完全可以存放在電腦裏而無須用紙記錄下來。

4. 對最初所購產品有投訴意見的顧客不能享受稍後的差價優惠。曾有一位客戶收到了作為聖誕禮物的一雙貴重的義大利皮鞋，試過不合適後，她拿回商店要求換一雙，商店員工說目前沒有適合她的尺碼，而且，就算她根本沒穿過那雙鞋，也不能退錢。考慮到當初買的時候給的是現錢，店員給她開了個證明，告訴她可以在適合她的鞋到貨後來換。幾個星期之後她來到店裏找到了適合自己的尺碼，卻意外地發現那雙鞋在打折促銷。她理直氣壯地提出要享受這個優惠，但店員卻堅持說店裏有規定，她不能享受優惠。

5. 等待送貨員或修理人員的時間過長。企業通知他們：「技術人員會在下午一點到五點之間到你那裏……」而今天的很多小家庭，在企業正常上班時間，夫婦兩人也都在上班，這種處理方式對他們十分不便，很多人不得不請半天假(有時甚至是一整天)在家等企業派人上門，這半天的工資自然就被扣掉了。如果利用攜帶型電話，顧客就能方便知道維修人員上門的準確時間，而不會把時間浪費在等候上。

6. 儘管顧客對某些煩人的程序怨聲載道，但企業依然如故。某五星級賓館就存在著這種情況。入住該賓館的客人要到健身房鍛鍊身體，非得費盡週折不可。賓館在健身房門口放了一本漂亮的真皮記錄簿。客人必須填上姓名並簽名，寫明房間號碼、什麼時候進入健身房，還要特別標明將要使用的健身中心內的那些器械名稱(顧客如果是第一次前往，根本不知道裏面有那些器械，叫他們填什麼才好)。客人離開健身中心時又得在表上相應的地方再填寫一遍：姓名、簽名、房間號碼(有可能已經換了房間)、離開時間、使用了那些器械。當顧客提出投訴時，一無所知的健身中心總台的接待小姐雖然沒法做答，但仍堅持顧客必須填寫這些煩人的表格。總台小姐拼命討好的並不是顧客，而是她的老闆。

企業制定為顧客服務政策時，首先應考慮到顧客是否願意接受並且便於接受，如果顧客不希望的事，要求變動或自願選擇時，有便利權嗎？對所提供的服務投訴時，鼓勵投訴嗎？企業應充分考慮顧客的利益，徵求顧客意見，制定出顧客樂於配合的管理政策。

四、確保顧客的投訴能傳至高層

通常一線員工能最先接觸到顧客。如果企業不鼓勵一線員工將來自顧客的信息傳達給經理，那麼大部份的顧客投訴在一線就石沉大海沒有音訊了；如果一線員工和經理人之間未能坦誠地交換意見，那麼提高服務質量純粹是一句空話。

由一線員工收集撰寫的「顧客投訴匯總表」，這些匯總表都轉給了大企業裏的高級主管。但是，主管若僅僅是讀讀表格上的數據和幾欄不明確的內容，是很難深入地瞭解顧客投訴的真實情況的。

顧客的投訴一般都是針對某一具體事件提出的，而一線員工在表上簡單地勾一勾畫一畫，根本無法反映投訴事件的詳細情況。因此，建議主管盡可能與顧客進行面對面的交談，親身體會一下顧客的憤怒；主管還可以請員工按五分制來打分，看看顧客憤怒到何種程度，以區分顧客類別。

另外，建議企業對投訴從一線員工傳達到管理層的過程進行監督，看看究竟有多少顧客投訴傳達到了企業高層，這些傳達到的投訴是否準確？

試著收集更系統更全面的顧客投訴信息，並在企業上下進行通報。美國著名的比薩店必勝客甚至要認真記錄下顧客打進熱線電話來投訴的語氣，剛打進電話時語氣如何，掛電話前語氣又是怎樣。然後將完整的顧客資料交給店經理，他會在 48 小時之內給投訴的顧客回電話。必勝客還要求店經理及時彙報顧客投訴的處理情況。

如果經理人打算花更多的時間直接瞭解一線員工的情況，不妨深入員工基層，到處走走看看。美國著名的沃爾瑪超市的，總裁山姆· 沃爾頓曾說：「我們最好的點子往往來自於送貨員和庫存員。」很有可能這些員工的靈感都是受顧客的投訴而啓發來的。沃爾頓還說，員工不能僅靠耍耍嘴皮子就對顧客說，他們對顧客有多重視，關鍵是要落實到行動中去。面對怨氣連天的顧客，經理人不妨時時提醒自己「以身作則」。

目前，為加快一線員工與高層主管的溝通速度，許多企業將企業內部組織平面化，減少週折以加快流通。企業內部結構的精簡意味著不必花好幾天，甚至好幾週的時間來將所出的問題層層上報。當今我們面臨的嚴峻挑戰是市場流通不斷加快，促使我們不得不加快回覆顧客投訴的速度。

開會討論顧客的投訴也是很好的方式，能夠將組織搜集到的模糊資料，儘量清晰地轉達給上級。閱讀顧客寫來的投訴信或意見表也是高層主管掌握顧客脈動的好方法。據說威廉· 馬里亞在經營馬里亞企業的 56 年間，總是親自閱讀所有的顧客意見表。

五、表彰和獎勵受理顧客投訴最佳的員工

有些企業的獎勵制度與受理投訴之間有矛盾。例如，某家企業為爭奪市場而拼命宣傳所提供的服務百分之百令顧客滿意，但其營銷部門卻背道而馳。

業務人員為了拉一筆生意常向顧客誇下海口並許下承諾，但企業對此很少過問。業務人員一心只想把顧客的錢掙到手，顧客有了問題，企業不問不管，顧客服務人員只好裝糊塗，一問三不知。

美國一家大型零售商的營銷人員經常給顧客打電話，推銷上門維修服務，維修對象包括各種家用電器。按常規應該等到商家承諾的產品維修保證期滿之後再進行推銷，但顧客經常忘了保證期什麼時候到期，因而常常在稀裏糊塗地花錢買了一個月的上門維修服務後，才發現保證期還未過，白花了冤枉錢。這家自作聰明的零售商自作自受，它的市場形象越來越糟糕。

路易斯· 葛斯特勒出任美國聯通公司總裁時，曾發表看法：「大多數公司的內部結構是不合理的，顧客服務人員既辛苦又要承擔費用上的風險，卻沒有得到一點好處。他們的優秀表現只體現在市場營銷尤其是對新產品的開發上，但他們本人始終得不到公司的回報。」

MBNA 是美國馬里蘭國家銀行的信用卡業務部門，其運作體系以留住客戶為目的，而不在於獲得短期利益。該部門主任查爾斯· 科利對開發新客戶所需成本進行評估後決定改變其內部體系，將 MBNA 的目標鎖定為留住持卡客戶。持卡人希望信用卡公司能做出快速反

應，經手的賬單要準確無誤。MBNA 就將顧客的這些要求列為部門主要工作目標之一。部門如果能達到 97%的目標，就能獲得獎金，部門再把這筆錢發放給員工，獎金額高達業務量的 20%。難怪全美其他同行業的企業員工、流動率高達 21%時，MBNA 卻只有 7%。

有的企業的獎勵方式太過短視，影響處理投訴的績效。比方說，經理人若能將該部門的商品退貨率減少至某一程度，因而提升短期利潤，便能獲得獎金。

六、授權員工快速解決糾紛

速度很重要。霍肯是園藝用品郵購公司的負責人，他們發現，處理糾紛的時間太長，會破壞該公司善意的退費制度。有時候，要解決糾紛，需和顧客往返好幾次信件。於是該公司便著手改善。他們要求電話服務人員在電話上即時與顧客解決糾紛。雖然電話費增加了，但整體的支出卻減少了，因為紙上作業流程得以精簡。顧客則表示很滿意霍肯處理投訴的新方式，員工能立刻解決顧客的問題，也覺得很有成就感。

為了快速回應顧客需求，組織必須儘量扁平化，並將權力下放。三個層級比五個層級更能令顧客滿足。同時運用一定的教育方式，教育的技巧必須更恰當，讓員工能依據公司的基本原則，自行做出最佳判斷。這就好比運動教練無法控制球員的行動一樣。一旦球賽開始，球場上的情勢不斷演變，只能期待球員瞭解全盤策略，成功地運用。因此，對投訴顧客也是相同的道理。

在充分授權的環境中，管理者必須有效運用下列三項管理技巧：一是提出示範，希望員工做到什麼；二是情況發生時加以瞭解和掌握；三是獎勵表現適當的員工。管理者可以在會議上進行一對一的類比訓練，然後遊走其間，面授機宜。最重要的是，管理者必須示範良好的投訴處理方式，讓員工瞭解，公司期望他們如何對待顧客。

七、協調各部門執行政策

很多顧客都有這樣的經歷：最初向顧客提供服務的明明是某一個部門，但最後卻像踢皮球似的被推到財務部門去了。這種情況往往發生在汽車經銷商的維修部、醫院以及幫顧客運籌資金以便進行大宗採購的公司。這些企業最初向顧客提供的服務可能個人針對性很強，但是一旦到了財務部門，就很快變得不明確了，服務質量自然大打折扣。

以醫院為例，大多數病人與醫生、護士或醫檢師之間的交道都是個人針對性很強的，甚至可以說是密切的。但當病人結賬出院或在門診看完病，他們突然間面對的是收費的財務部門。

病人走出醫院時，究竟希望得到什麼？

美國《醫療財務管理》雜誌認為病人希望得到以下東西：

1. 希望院方友好對待和尊重他們。

2. 希望醫院財務部門能跟蹤保險公司的賠付情況，從賬單上扣除保險公司已付的這筆錢。

3. 如果病人財務上有困難，他們希望院方能伸出援助之手，幫他們解決難題，這樣不僅醫院可以放心地收到錢，病人也不用整天為醫療費發愁。

4. 病人希望自始至終跟他打交道的都是同一個人。

5. 病人希望有人向他們解釋深奧難懂的醫學專業術語。

6. 病人希望在保險公司的醫療保險賠付事宜解決後才付款。

7.病人希望隨時有人向他們通報情況，消息來得太突然會讓他們措手不及。

這些要求過分嗎？在今天這種競爭激烈的市場，滿足這些要求應當並不過分。然而，大多數醫院似乎對顧客這些問題的投訴根本置之不理。

波士頓諮詢集團對美國企業進行一項調查發現，企業內部幾乎所有的活動(95%～99%)都與顧客無關。他們引用調查情況說，保險公司處理顧客的申請表平均要花 22 天時間。推算一下處理這些表格所需的時間，其實只需 17 分鐘就行了。那麼另外多花的時間都耗在那裏去了呢？答曰：簽字、呈報、開會。對顧客投訴的處理也是一樣，如果企業能夠協調好處理顧客投訴的各部門的職能範圍，高效地處理投訴，那麼每個人都會成為贏家。

八、投訴處理要有時限

一個組織應設立投訴管理過程中各階段合理的時間目標值。這對於投訴現場的員工能切實可行地快速處理投訴是極其重要的。

僅僅投訴處理流程是不夠的，規範的流程只能保證投訴得到正確有效的處理，而要滿足顧客「快速處理」的要求，還必須對流程的每一個環節規定完成時限，並嚴格執行。這些階段包括受理投訴、進行調查、答覆投訴人、採取行動等。

1.聯邦快遞制定的處理時限

聯邦快遞要求，電話鈴響四聲前必須接電話，來電等候時間不超過 30 分鐘，在 24 小時內保證對來電回覆，在 24 小時內對來函回覆，在 3 小時內派技術人員上門服務，在 48 小時內排除故障，在 24 小時內按訂單發貨，在 12 小時內將替換零件送到等等。

2.某集團公司規定的投訴處理時限

⑴一般服務質量投訴的處理時限

①本地投訴的服務質量問題，在本企業內處理時限最長不超過 3 個工作日。

②省級投訴的服務質量問題，在本地區內處理時限最長不超過 3 個工作日，本省內處理時限最長不超過 8 個工作日，省外最長不超過 10 個工作日。

⑵重大服務質量投訴的處理時限

①本地投訴的重大服務質量問題，在企業內處理時限不超過 2 個工作日。

②省級投訴的重大服務質量問題，在本地區內處理時限最長不超過 3 個工作日，省內最長不超過 5 個工作日，省際最長不超過 6 個工作日。

3.電信局明確地將客戶投訴進行五級分類

⑴一級投訴受理部門能自行解決的不超過 2 小時。

⑵二級投訴為一般營業問題、計費和客戶賬務問題，處理時限為 4 小時。

⑶三級投訴為網路通話質量差、基站覆蓋差、交換系統軟體等故障的投訴，處理時限為 48 小時；

⑷四級為跨省解決的投訴。處理時限不超過 4 個工作日。

⑸五級投訴涉及到與其他運營商協調解決的問題，處理時限不超過 5 個工作日。

第9章 客戶抱怨管理體系的實施

一個高效的投訴管理體系應具有便利性及透明性，顧客可以很容易地進行投訴；複雜的投訴程序、高昂的投訴成本都會使得顧客「欲言又止」，最後離你而去，從此拒絕往來。

對投訴處理過程進行監視和測量，可加強投訴管理體系是否實現預期的效果，當發現過程未達到預期的結果時，要採取有效的糾正措施，確保投訴管理體系按預定目標運行。

第一節　投訴管理體系的公平性

投訴管理體系的實施首先要保證體系是公平的。這種公平包括投訴的雙方，也就是投訴的顧客和引進投訴的員工。

一、公平地對待每一位顧客

體系應對每一位顧客都是公平的，不管他是重要的大客戶還是普通的小客戶，不管他是電話投訴、信函投訴還是上門當面投訴，不管是主管經理受理投訴還是普通員工受理投訴，不管受理投訴員工今天心情是愉快的還是沮喪的，必須做到以下幾點：

1. 統一的投訴處理規範和標準

對於一些常見、可以預計的投訴問題，應形成規範的、統一的、明確的投訴處理方案、流程、賠償標準、補救措施等文件，通過制度來規範例行投訴的處理，而不是依靠個人的經驗和喜好。

實際上，現實生活中 80%的投訴都是一些細小的問題，通過投訴處理規範文件可以妥善解決，可是也會有 20%的投訴是突發性的、沒有預料到的、比較重要的問題，或者是內部流程無法解決的問題，這時候可能需要通過升級處理程序和外部評審程序來尋找解決的辦法，然後評審方法實施後的效果。對於一些有效的處理方法可以轉化為正式的文件，納入投訴處理規範。文件規範應清楚、明確，具有可操作性。

某公司投訴中心電話受理工作規範

(1)在電話鈴聲響三聲前必須接聽電話。

(2)聲音要清楚洪亮、吐字清晰，具有親切感。

(3)首先報上「公司名稱，×××號話務員為您服務，請問有什麼可以幫助您？」

(4)聆聽客戶的訴說，不要輕易打斷對方說話。

(5)儘量在自己的許可權內直接答覆客戶，如果不能馬上答覆，應告訴顧客原因，何時答覆以及通過何種途徑通知顧客。

(6)客戶敘述完後，總結客戶觀點，覆述一遍給客戶聽，請客戶確認。

(7)在「投訴記錄」上說明記錄客戶的全名，聯絡方式以及通話要點。

⑻通話完畢要感謝客戶的來電，等客戶先掛電話後再放下電話。

IBM 公司客戶服務部為投訴顧客寫回函的格式

尊敬的××先生：

十分感謝您的來信，讓我們能有令您滿意的機會。

您的抱怨對我們來說是份禮物，也是改進的機會。

您說的一點沒錯。您的筆記本電腦應當運作正常，但目前並非如此，您有權立刻獲得解決。您對產品的滿意，才能為敝公司帶來真正的滿意。我們永遠歡迎您提出抱怨，這樣我們才能不斷改進質量。

本人真誠地向您道歉，抱歉使你遭受不便。同時，你向您保證，我們會以最快的速度改正這一問題。

我們的專業技術人員×××將與您聯繫，以便安排上門收取您的電腦，他在取件時會送上另一部筆記本電腦供你使用，直到我們修好您的電話為止。

我本人將負責此件事處理的全過程，有任何問題請致電給我。

我注意到，你三年前向本公司購買了第一台電腦。謝謝您一直以來的支援，希望你繼續惠顧公司！

再一次感謝您！

2.對員工進行宣傳和培訓

進行宣傳和培訓，讓全體員工都清楚地瞭解投訴處理規範；在組織內部進行宣傳培訓，讓處理投訴的員工能夠獲取相關投訴管理規範文件，作為工作指南；能力來自於訓練，尤其是持續不斷地訓練。當客戶看到一個業務純熟、懂行的員工為他們解決問題，他們才會放心，才會對公司產生信心。處理顧客投訴的員工應通過不斷的學習、培訓來提高自己的工作技能。

美國鹽湖有一家園圃公司，他們經營的是園林種植和園林修剪藝術。公司只有 400 多名員工，但卻擁有上千萬美元的資產，他們的服務在鹽湖是首屈一指的。有人問公司總裁是如何做的，總裁說：「關鍵是我們有良好的培訓員工的系統和規定。」

他們每個月都安排有員工的培訓項目。第一個月培訓員工與顧客打招呼，第二個月培訓員工的穿著形象，第三個月培訓員工關於對植物的認識和培育等業務知識，第四個月培訓員工的服務理念，第五個月培訓員工為員工服務的工作流程，第六個月培訓員工如何應對顧客的投訴和處理緊急問題……

經過一年的系統培訓後，新員工才能獨立為顧客提供服務。

3.鼓勵員工公平地對待每一位顧客

操作技巧可以通過培訓和練習得到提高，而比操作技巧更重要的是對待顧客的正確態度和意識。

行為科學研究表明，21 天以上的重覆會形成習慣，90 天的重覆，會形成穩定的習慣。同樣，一種想法和觀念重覆 21 次，會形成自我意識。「顧客至上」的觀念同樣也需要在組織內反覆地宣讀、灌輸才會成為員工頭腦中的觀念，只有「顧客至上」「顧客永遠是對的」的意識發自於員工的內心，才有可能使他們公平的對待每一位顧客。

二、公平地對待每一位員工

請記住「員工也是組織的顧客」。組織應把員工視為顧客，追求顧客滿意不應以損害員工利益、傷害員工自尊為代價。

沒有滿意的員工，就沒有滿意的顧客。組織在設計顧客投訴處理流程、規範時，要注意避免為過分討好顧客而使員工受到不公平的對待。因此，組織應做到以下幾點：

1. 被投訴員工有權知道投訴的真相並可以申訴

受理投訴和被投訴的員工往往不是同一個部門，因此讓被投訴的員工及時瞭解投訴的具體內容很有必要。

組織應馬上通知被投訴者有關投訴的全部內容，給被投訴者解釋的機會，在調查結束後應及時將調查結果通知被投訴者。這樣，一方面可以給被投訴員工申訴的機會，以便調查和掌握事實的真相；另一方面也可以讓被投訴者及時從中吸取經驗教訓，找到改進的機會。

同時，組織還應設計員工申訴的管道，使員工有機會向上反映自己的意見，讓事件得到公正的解決。

聯邦快遞的超級投訴程序

聯邦快遞是全球最大的快遞公司，在全球擁有 14.3 萬名員工，4.3 萬個投遞點，640 架飛機和 5000 多部車輛。聯邦快遞在人力資源管理方面的一個特點就是：為每一名員工創造公平的工作條件和環境。為此，聯邦快遞設置了一個超級投訴程序，當員工和經理不能解決的爭吵或對公司的處罰意見表示不滿時，他可以通過投訴程序越級向上申訴，經理的上級必須在 7 個工作日內對員工作出答覆；如果員工仍不滿意，7 天內還可以投訴到主管地區副總裁那裏，總裁會在 7 天內通過召開研判會給予其書面的答覆。

超級投訴使得員工的不滿有一個渲洩的管道，而不至於將不滿意的情緒轉移到顧客身上。

2.重視員工滿意度

⑴員工滿意度和顧客滿意度的關係

一些跨國企業在他們對顧客服務的研究中，清楚地發現員工滿意度與企業利潤之間是一個「價值鏈」關係：當其內部顧客的滿意率提高到85%時，企業的外部顧客滿意率高達95%。

員工是顧客的直接接觸者，是向顧客傳遞價值的關鍵，要想讓顧客得到滿意，得到尊重，組織首先應讓自己的員工感到滿意、得到尊重；要想讓顧客得到一流品質的產品，必須首先將自己員工的素質塑造到一流；想想讓顧客得到真誠而完美的服務，組織首先要為員工提供真誠而完美的服務。如果在顧客面前，我們的員工必須矮人一頭，必須拋棄自尊，如果我們的員工連起碼的人權尊嚴都得不到滿足的話，又怎能奢望他們提供一流的服務呢？

美國西南航空公司倡導「員工第一，顧客第二」

美國西南航空公司放棄了「顧客第一」的原則，它倡導的是「員工第一，顧客第二」。西南航空公司總裁凱勒認為：「如果認為『顧客永遠是對的』，那就是企業對員工最嚴重的背叛。事實上，顧客經常是錯的，我們不歡迎那些酗酒成性、吸食毒品的顧客，我們寧可寫信奉勸這些顧客改搭其他航空公司的班機，也不要他們來侮辱我們的員工。」事實上，員工也是企業的顧客，沒有內部顧客也就沒有外部顧客，從這個角度來說「員工第一」的理念不僅沒有否定和弱化「顧客第一」，反而是對「顧客第一」的一種更深層次的理解，它進一步豐富和發展了「顧客」的內涵，這才是真正的以人為本，面對這樣的尊重和關愛，西南航空公司的員工能不感動嗎？

無獨有偶，據說泰國航空公司在培訓空中小姐時，教官司提了這樣一個問題：「當顧客摸你屁股時，你怎麼辦？」有的人說假裝沒看見，有的人說保持微笑，問他有什麼需要幫助的；教官給出的標準答案是：「你應該給他一耳光」，因為沒有尊嚴的員工是無法提供優質的服務的。

⑵如何提高員工滿意度

提高員工的滿意度可以從以下幾個方面入手：

①創造公平競爭的企業環境

公平體現在企業管理的各個方面，如招聘時的公平、績效考評時的公平、報酬系統的公平、晉升機會的公平、辭退時的公平以及離職時的公平等等。在工作中，員工最需要的就是能夠公平競爭。在法國，麥當勞的每個員工都處在同一個起跑線上，首先，一個有文憑的年輕人要當 4～6 個月的實習助理，做最基層的工作，如炸薯條、收款、烤牛排等，學會做清潔和保持最佳服務的方法。第二個工作崗位則帶有實際負責的性質：二級助理。每天在規定的時間內負責餐廳工作，承擔一部份管理工作，如訂貨、計劃、排班、統計……在實踐中摸索經驗。晉升對每一個人都是公平的，適應快、能力強的人晉升的速度就會快。

②創建自由開放的企業氣氛

現代社會中，人們對自由的渴望越來越強烈。員工普遍希望企業是一個自由開放的系統，能給予員工足夠的支援與信任，給予員工豐富的工作生活內容，員工能在企業裏自由平等地溝通。古語說：「疑人不用，用人不疑」。所以，要想使企業員工的滿意度提高，必須給予員工足夠的信任與授權，讓他們自由主動地完成工作任務，放開手腳，盡情地把工作才能發揮出來。

韓國三星集團的老闆李秉哲就一直秉承這一用人之道。在「三星商會」開業不久，他大膽地啓用了一直沒找到工作、被別人視為危險人物的李舜根。除銀行的钜額貸款、大批量的原材料進口等少數重要問題外，他把幾乎全部的日常業務都交給了李舜根。後來的事實證明，李舜根是可靠的人，對推動「三星商會」的迅速發展起到了重大的作用。

自由開放的企業還應當擁有一個開放的溝通系統，以促進員工間的關係，增強員工的參與意識，促進上下級之間的意見交流，促進工作任務更有效的傳達。在通用電氣公司，從公司的最高主管到各級主管都實行「門戶開放」政策，歡迎職工隨時進入他們的辦公室反映情況，對於職工的來信來訪妥善處理。公司的最高首腦和公司的全體員工每年至少舉辦一次生動活潑的「自由討論」。通用公司努力使自己更像一個和睦、奮進的大家庭，從上到下直呼其名，無尊卑之分，互相尊重，彼此信賴，人與人之間關係融洽、親切。

③創造關愛員工的企業氣氛

人是社會性動物，需要群體的溫暖。一個關愛員工的企業必將使員工滿意度上升。關愛員工的企業會給予員工良好的工作環境，給予員工足夠的工作支援，使員工安心地在企業工作。

關愛員工的企業重視員工的身心健康，注意緩解員工的工作壓力。企業可以在制度上作出一些規定，如帶薪休假、醫療養老保險、失業保障等制度，為員工解除後顧之憂。

豐田公司就設有自己的「全天候型」體育中心，裏面有田徑運動場、體育館、橄欖球場、足球場、網球場等。豐田公司積極號召員工參加運動部和文教部，使職工在體育運動和愛好的世界中尋求自己的另一種快樂。這樣既豐富了員工的生活，強健他們的體魄，同時培訓了他們勇於奮鬥的競爭精神，根本目的是更好的促進生產。豐田還大力提倡社團活動，如娛樂部、女子部等等，促進人與人的關係融洽。豐田對社團活動所寄予的另一個莫大期望——培養領導能力。因為不管社團規模是大是小，要管理下去就需要員工的計劃能力、宣傳能力、領導能力、組織能力等等，另外，整個豐田公司的活動也很多，綜合運動大會、長距離接力賽、游泳大會等，每月總要舉行某種活動。在這些活動中，總經理、董事等領導只要時間允許都要參加，一起聯歡。所有這一切，在不知不覺中提高了員工的素質，增進了員工對公司以及領導的感情。

④重視員工的培訓和現場管理

企業領導充當的角色應當是教練的角色。教練工作不僅是訓練，而且是輔導、參謀、揭露矛盾、教育。在一項對國際優秀企業的調查中，最驚人的發現之一就是，這些企業 100%地對員工進行解決問題技巧的培訓。

推行現場管理，不但能及時發現問題、解決問題，更重要的是可以教給員工解決問題的方法。

在一家國際著名酒店中，領班必須將每天員工遇到的問題和適當的處理方法記錄在一個專用筆記本上。每個員工上班的第一件事就是查看這個筆記本。這樣的管理能避免同樣的錯誤重犯，同時使整個團隊能不斷進步。

優秀的現場管理人員要在問題發生之前及時介入、解圍，甚至必要時接手處理意外事件。而在隨後的空閒時間，讓員工立刻進行處理這種意外情況的類比訓練，從而使員工每天都能掌握新的服務技巧。但一般情況下，一定要充分授權，否則服務人員將產生嚴重的依賴心理，能力無法提高。

現場指導還有一個重要職責就是，記錄並激勵員工每次成功的服務和一點一滴的進步。

美國西南航空公司如何讓員工滿意

美國西南航空公司成立於 1967 年，最初只在德克薩斯州提供短距離運輸服務。西南航空公司在歷史上還是取得了連續 20 年贏利的驕人成績，創造了美國航空業的連續贏利記錄。這樣的業績得益於西南航空公司員工高效率工作和在飛行途中給乘客創造輕鬆愉快環境的服務方式。事實上，西南航空公司的總裁兼首席執行官赫伯・克勒赫從公司成立時就堅持宣傳「快樂和家庭化」的服務理念和戰略，並通過招聘、培訓和支援有經驗的員工，通過員工的力量將這種理念的價值充分體現和發揮出來。

1. 招聘合適的員工

西南航空公司的策略之一在於他們僱用合適的員工——熱情、具有幽默感的員工、更真誠地為顧客服務的員工。西南航空公司的招聘過程沒有什麼條條框框，招聘工作看起來就像好萊塢挑選演員，而不是招聘員工。第一輪是集體面試，每一個求職者被要求站起來講述自己最尷尬的時刻。這些未來的員工由乘務員、地面站控制員、管理者，甚至是顧客組成的面試小組進行評估。西南航空公司讓顧客參與招聘基於兩認識：顧客最有能力判別誰將會成為優秀乘務員；顧客最有能力培養有潛力的乘務員成為顧客想要的乘務員。

接下來是對通過第一輪面試者進行深度個人訪談，在這個訪談中，招聘人員會試圖去發現應聘人員是否具備一些特定的心理素質，這些特定的心理素質是西南航空公司通過研究最成功的和最不成功的乘務人員發現的。

新聘用的員工要經過一年的試用期，在這段時間裏，管理人員和新員工有足夠的時間來判斷他們是否真正適合這個公司。西南航空公司鼓勵監督人員和管理人員充分利用職權，在一年的試用期或評估期間，將那些不適合在公司工作的人員解僱掉。但是有趣的是，西南航空公司很少不得不解僱一些員工。因為在這些員工被告知之前，他們已經知道自己與週圍的環境顯得格格不入而主動走人。

2.營造快樂和尊重的氣氛

西南航空公司從創立開始就一直堅持一個基本理念，那就是——愛。赫伯·克勒赫把每個員工視為西南航空公司大家庭的一分子。他鼓勵大家在工作中尋找樂趣，而且自己帶頭這樣做。例如為推廣一個新航線，他會打扮得像貓王埃爾維斯一樣，在飛機上分發花生；他還會舉辦員工聚會或者在公司的音樂錄影中表演節目。他時時刻刻走出來與自己的團隊在一起，向團隊傳遞信息，他告訴員工，他們是在為誰工作，他們的工作有多重要。他就是要讓員工感覺自己很重要並受到尊重。

公司鼓勵員工釋放自己，保持愉快的心情，因為好心情是有感染力的。如果乘務員有一個愉快的心情，那麼乘客也更有可能度過一段美好的時光，如果整個工作氣氛都很熱情，那麼當他面對其他人時也能很熱情。他會很有禮貌地對待那裏的每個人。愛的氣氛使西南航空公司的員工樂於到公司來，而且以工作為樂。赫伯·克勒赫說：「也許有其他公司與我們公司相同，但有一件事它們不可能與我們公司一樣的，至少不會很容易，那就是我們的員工對待顧客的精神狀態和態度。」

3.倡導團隊精神，建立相互合作，不責難的企業文化

完美的投訴管理是一種團隊努力，向客戶提供優質的服務需要團隊每個成員共同合作，建立一種精誠合作，團隊至上，不互相指責，不推卸責任的企業文化是保證公平的永久承諾。

卓有成效的服務團隊有著共同願景，尊重團隊內的每一位成員，他們從不向顧客抱怨其他成員，也不把問題推到其他部門，他們不會說：「這不是我負責的，這是某某部門的問題。」他們總是說：

「很抱歉，這是我們的錯，我們負責來解決這個問題。」

美國杜魯門總統在他的桌子上擺了一個牌，上面寫著：「Book of stop here.」，意思是問題到此為止。所有的問題只要到杜魯門總統手上，就不能再推給其他人，他就要負責解決，這是他的承諾。

我們的客戶服務人員能不能也做出這樣的承諾，讓顧客的投訴到此為止呢？

著名的余世維博士在進行人壽培訓時講過這樣一個故事：

他在成田機場的一個商店買了一盒豆腐，回去一吃，發現是壞的，就丟掉了。第二次，他再次路商店時，告訴了售貨小姐這件事。售貨小姐非常重視：「先生，請你等一下。」然後進去告訴經理，經理出來拿著五盒新鮮的豆腐，把錢退給余先生，說；「非常對不起，我們店裏賣出這樣的豆腐是我們的恥辱。我們現在免費贈送五盒豆腐表示我們的歉意。另外，我們已通知了供應商，下週開會來討論問題原因，如果下週你還在此地的話，我會告訴你開會後的結果。」

整個過程，經理沒有推卸過自己的責任，沒有強調過供應商的原因，他一直是用「我們」來承擔責任，來解決問題，這樣的投訴處理顧客能不滿意嗎？

心得欄

第二節 投訴管理體系實施的便利性

一個高效的投訴管理體系應該是方便易行的，顧客在組織供應鏈的任何一點都可以很容易地進行投訴。複雜的投訴程序、高昂的投訴成本都會使得顧客「欲言又止」，最後離你而去，從此拒絕往來。

一、提供多種投訴管道

多一種投訴管道，就多一種聽顧客心聲的機會。設計投訴管道要考慮到各種不同類型顧客的特點、習慣和可行性，讓顧客可以看見。常見的投訴管道包括：

1. 在營業網點辦公區域設立投訴受理點，由專人接待投訴。

2. 在顧客可能出現的地方，如營業網點、代理處、公共場所等設置意見簿、投訴箱。

3. 公佈投訴電話，24 小時熱線電話。

4. 公佈投訴郵址、信箱。

5. 網上投訴。

6. 由一線員工受理投訴，如送貨員、修理工、檢修人員、業務人員。

二、讓客戶便於反映問題

讓客戶很容易向你反映問題，使客戶感到提供反饋意見一點都不麻煩。要經常詢問顧客，最近所購買的產品符合需要嗎？期望如何改進？……即一方面企業自己主動地與客戶交流溝通。USSA 保險公司就常常通過電話來做業務(現在更多的是網上業務)。儘管他們沒有和客戶面對面地交流，但是客戶都喜歡這家公司。公司的電話銷售人員都表現得非常出色，聽起來就像客戶的朋友。另一方面企業可以建設自己的客戶社區。著名的摩托車生產商 Haley-Davison 已經擁有超過 30 萬的忠實顧客，這些顧客不僅喜歡這家企業，而且也喜歡相互之間經常聚一聚。圍繞著諸如汽車、摩托車、蘋果電腦等這些高價買賣交易，這種客戶之間的聚會是很容易做到的。

某公司提供財務軟體服務。該公司並沒有設立專門為客戶提供投訴的部門，而是提供員工服務的訓練和獎勵的辦法，要公司上下共同擔負客戶服務的責任。

所有的員工都要有產品知識，瞭解公司的大客戶以及競爭狀況，接受如何處理與不滿意的客戶溝通的培訓。

為了鼓勵員工關懷客戶，公司將客戶服務的成績納入報酬體系。員工每月要打電話給 200～300 名客戶，確定客戶對一切都沒意見。

如果客戶打電話來抱怨，應立刻做出反應，最好將問題迅速解決，至少表示有迅速解決的誠意。倘若客戶就同一個問題打了兩次以上電話，不滿意程度急劇上升。

三、讓更多的顧客投訴

在現實社會中，有 45%的顧客心存不滿卻未投訴，他們也許會增加你競爭對手的營業額，因為這些顧客和另外那些曾經投訴然後又放棄的顧客(約佔 50%)，他們被不滿驅使著去散佈他們的消極情緒，到你的競爭對手那裏去消費。最重要的是先確保讓這些顧客知道到那裏去投訴，並且讓這些程序盡可能地簡單，因此，你需要建立一個情報站。

在許多大餐館，飯店的電話和飯店的地址被印在餐巾紙上，這樣，飯店的知名度會由於許多人使用餐巾紙而引起了大家的注意；然後就是確保讓顧客感覺到他們的意見被公司聽取和理解，並讓他們看到公司的實際行動。

舉例來說，通用電氣公司為它所有的顧客創立了一個信訪中心。作為一種答覆顧客疑問並解決顧客問題的機構，它的直接成果是：公司每花費十美元，就會有價值十七美元生意的回報。

戴爾電腦公司採取一種有效的做法，他們給所有的顧客打電話(在公司購買過一次商品)，每年約有五十萬個電話。不僅公司及時解決了問題，而且使不滿意的顧客成為戴爾公司及其產品的宣傳大使。

在 1995 年，迪士尼公司為它的所有策劃成員引進了「每天五次交往」的方案。這就意味著每一個在公司或旅店都被鼓勵著去與不同的顧客打五次交道。員工們驚奇地發現，他們大都得到了實際的交流和讚揚，並能迅速處理問題。

四、降低投訴的成本

如果一個組織認識到投訴給自身帶來的價值，就會主動承擔投訴的成本，這是一件非常明智的事情。

常見的方法是設立一部免費投訴電話，如「800」電話的「10000」號，「1860」客服電話，「10001」號客服電話等等。

還可以隨業務資料寄給客戶貼有郵票的免費回函信填充，在選擇投訴受理點的時候考慮客戶的分佈、交通等因素。

組織還應計劃為有困難的顧客投訴提供免費的幫助。包括幫助識字不多的顧客填寫表格和對有語言障礙的顧客的幫助等。

五、簡化投訴的流程

簡單而又快速的解決方案往往是最好的方案。投訴流程不應讓投訴的顧客在幾個部門之間轉來轉去，不應讓顧客填寫過於繁瑣的表格，不應讓顧客在下班後或節假日投訴無門，不應讓顧客重覆訴說他們的不幸遭遇……

電信公司的負責制

為了不斷改善服務提高質量，解決企業在向客戶提供服務過程中出現相互推諉、相互扯皮的問題，電信推出「負責制」以切實建立企業內部科學的服務質量保證和監督體系，為客戶提供滿意的服務。

1.「負責制」工作的基本內容是什麼

⑴「負責」是指：最先受理客戶諮詢、投訴的部門或人作為負責的部門和人，並負責處理或督促相關部門解決客戶在使用電信業務時提出的各類問題。

⑵負責的部門或人，受理諮詢、投訴的範圍包括：視窗服務態度、企業違諾及執行上級部門文件情況、集團客戶服務、數據通信業務、電話裝移機、障礙申告、電信資費、公用電話、話費爭議、通信質量、計費以及各類新業務的使用等，與電信業務服務相關的所有諮詢或投訴。

⑶負責部門或人，受理客戶諮詢、投訴的形式包括：直接面交、來信來函、來訪（營業廳、客戶接待室）、撥打電話（各類受理、申告、

查詢、投訴及專設的監督、諮詢電話)、網上投訴。

⑷實施負責的各級服務窗口包括：①各類自辦營業網點(廳)；②180、189、114、112、1000 等電話受理、投訴、查詢、障礙等服務；③公用電話代辦管理及電話卡業務管理部門；④上門裝移機、查詢及上門營銷服務的各類客戶經理等。

⑸負責工作分類：客戶諮詢、查詢、投訴和業務受理。

2.「負責制」的工作投訴有那些

⑴對客戶提出的諮詢、投訴問題，無論是否屬本部門範圍的事情，負責部門或人必須主動熱情，不得以任何藉口推諉、拒絕、搪塞客戶或拖延處理時間。

⑵凡客戶諮詢、投訴的問題屬於本部門範圍內的，負責部門或人能立即答覆的，必須當場答覆客戶並認真做好解釋工作。如由於客觀原因不能當場答覆的，或不屬於本人職責範圍內的問題時應做到：①向客戶說明原因，並得到客戶的諒解；②在營業受理的，應將客戶帶到相關部門辦理；③可用電話解決的，當場與相關部門聯繫立即解決。

⑶如客戶諮詢、投訴的問題比較複雜，本部門難以解決而分工又不十分明確的，由企業主管親自協調，並指定相關部門處理。

⑷客戶諮詢、投訴的問題在本企業內無法解決的，應向上一級主管部門反映，並由上一級主管部門協調解決，處理結果由上一級部門反饋給企業，由企業通知客戶。

⑸答覆客戶提出的問題時，既要準確、又要掌握政策，堅持實事求是的原則。對於不清楚、掌握不準確的問題應及時請示相關主管並給予用戶一個準確的解答。對於確實解釋不了的問題，應向客戶說明情況，並在事後主動與客戶聯繫。

⑹企業各級服務質量管理部門要對客戶諮詢、投訴的處理過程

進行監督、檢查、考核，並做好客戶回訪工作，定期在企業內進行通報。

⑺在處理客戶投訴、諮詢、查詢中，如發生拒絕、爭執現象，對責任單位和責任人必須按考核規定進行處罰。

⑻對不屬於電信經營範圍的客戶需求，應耐心向客戶解釋，不要使客戶產生厭煩情緒。

3.「負責制」工作流程是怎樣的

⑴業務受理

①本營業窗口業務處理範圍的客戶需求：由營業人員耐心向客戶介紹各項業務功能、服務範圍、服務項目，或指導客戶正確填寫業務登記單式，回答客戶的提問，告知電信企業能否滿足客戶的需求和相應的業務處理時間。

②不屬於本營業窗口業務處理範圍的客戶需求：應積極、主動、準確、詳細地引導客戶到相關窗口辦理業務，儘量避免客戶在電信企業多個營業廳(所)或多個窗口之間往返。

③屬於集團客戶或大客戶的需求：在瞭解客戶需求的前提下，通知電信企業內大客戶服務部門人員到窗口接待客戶，或記錄客戶的需求和聯繫方式，由集團客戶服務部門和大客戶服務部門主動與客戶聯繫。

⑵業務查詢

①對號碼查詢、費用查詢、基本業務處理問題應立即答覆。

②對查詢較複雜的業務處理過程，要詳細記錄客戶的需求和聯繫方式，告知客戶回覆時間，同時由負責人督促相關部門在規定的時限內將查詢結果通知客戶。

③屬於電信集團內其他電信企業的查詢事項，在業務歸屬企業電話或其他查詢方式的前提下，可以指導和幫助客戶直接向對方電

信企業查詢要求；若不清楚對方的查詢方式，應記錄客戶的查詢需求，並向客戶說明情況，由業務受理方通過電信企業內部的業務處理和管理管道，將相交結果或查詢方式在向客戶承諾的時間內告知客戶查詢結果，不可將客戶拒之門外。

⑶業務申告

①耐心聽取客戶的敘述，完整地瞭解客戶的申告內容。

②按照實事求是的原則，對存在的問題要勇於向客戶承認並表示企業及時糾正的誠意。

③對於客戶申告的各類服務問題的處理要求及遵循的標準：

對客戶反映的話費爭議問題，應按《話費爭議管理辦法》(電信業務[1998]653號文件)的要求處理，並堅持客戶第一、實事求是的原則，充分考慮客戶利益，認真對待客戶投訴，週密調查、核實數據，耐心做好解釋、協調工作。

對於向客戶提供長話費清單問題，應按電信質檢文件執行。

對於客戶反映服務時限問題(包括裝、移、修機時限及通信質量問題)按照服務標準執行。

心得欄

第三節　投訴管理體系的透明性

一、確保讓顧客都瞭解如何投訴的相關信息

如何進行投訴的相關資訊包括：組織對顧客作出的承諾；投訴管理方針和目標；如何投訴的流程；到何處去投訴的線路圖；通過什麼投訴管道等等。通常的做法包括：

1. 在報刊、戶外廣告、營業網點處公佈投訴電話、地址等資訊；
2. 網頁上的通知；
3. 和顧客聯繫的一切資料上都提供投訴方法；
4. 製作一本「如何投訴指南」的小冊子，免費派發；
5. 工具書中的參考資訊；
6. 在零售點出口或公共場所設置顯著的通告；
7. 產品目錄中清楚而明顯的插頁；
8. 支票、票據和收據上的備註；
9. 在投訴受理點公開張貼投訴流程和投訴須知的資訊；
10. 及時通知顧客投訴的進展情況和處理結果；
11. 提供自動查問系統讓顧客可以查詢投訴的資訊。

二、企業還應讓相關部門和員工投訴的信息

投訴的資訊應在組織的內部通過適當的方式得到溝通，以便投訴處理過程能夠得到充分理解和有效執行。

1. 採用多種溝通方式

通過電話、面談、通知、會議、簡報等方式，將投訴資訊及時準確地傳遞到相關的部門和人員，如投訴當事人、責任部門、技術支援部門、管理部門等等。

某集團公司的服務質量情況上報制度

(1)為保證企業各級部門對客戶投訴意見和社會輿論反應靈敏、處理及時，必須建立服務質量上報制度，並根據不同服務質量問題的性質進行不同層次上報。

(2)一般服務質量問題的上報。各單位應將服務質量基本情況每半個月向主管彙報一次，每月書面向總公司主管部門彙報。總公司每季書面向集團公司主管部門上報。

(3)重大服務質量問題的上報。發生重大服務質量問題後，當事單位應立即將有關情況上報本單位主管，並向上一級主管部門彙報，最長時限不得超過 2 天。同時，應根據事發的不同性質及調查難度，由當事單位在一週內將處理情況、客戶滿意程度的情況向省公司彙報，同時報集團公司主管部門。

(4)新聞媒體曝光上報制度。發生縣級媒體曝光時，應在事發當天上報地市公司，2 日內上報省公司，發生地市級媒體曝光，應在當上報省公司，並在 3 日內將調查處理情況再報省公司，在一週內報集團公司；發生省一級媒體曝光，省公司必須在 2 日內將情況上報集團公司，並隨時將處理情況向集團公司反映。各級上報材料必須有本單位、本部門、本企業的主管簽名。

2. 建立投訴信息的定期溝通制度

定期發佈投訴情況彙報分析簡報；向全體通告重大的、典型的投訴案例，讓員工引以為戒；在每月的經營質量分析例會上，公佈上月的投訴情況總結、原因分析、採取的改進措施等，促進相關部門不斷改進，採取預防措施；還可以就重覆出現的重大投訴案件進行專題討論，制定防範措施等等。

3. 重大問題的進一步行動

當投訴顯示的問題可能影響到許多其他的顧客時，組織應採取進一步的行動，以防止問題進一步擴散。這包括對公眾發出警告、通知所有顧客、免費修理、召回更換、退貨甚至賠償等措施。

汽車召回制度

所謂汽車召回制度，就是投放市場的汽車，發現由於設計或製造方面的原因，存在缺陷，不符合有關的法規、標準，有可能導致安全及環保問題，廠家必須及時向有關部門報告存在的問題、造成問題的原因、改善措施等，提出召回申請，經批准後給找到的車輛無償地提供免費修理，以消除事故隱患。廠家還有義務讓用戶及時瞭解有關情況。

對在一家範圍內，某一牌號汽車在經常發生類似事故，經分析確認是由於設計和製造原因造成，有關部門可以勸告汽車廠家採取改善措施。如果廠家置之不理，有關部門將向社會公從通報情況，以喚起用戶的注意，這就是召回制度中的勸告。

汽車召回制度始於 20 世紀 60 年代的美國，1996 年 8 月，日本運輸省修改了《機動車形式制定規則》，增加了「汽車製造商應承擔在召回有缺陷車時公之於衆的義務」的內容。從 1969 年建立召回制度以來，到 1997 年，日本運輸省共收到召回申請 1186 件，召回汽車總數累計 2613 萬輛，其中 94% 為國產車。

從召回原因看，次數最多的是發動機系統故障，其次是傳動系統故障，第三是制動系統故障。對日本國產車進行的分析表明，由設計造成的缺陷佔 55%；由製造造成的缺陷佔 45%。

目前實行汽車召回制度的有美國、日本、加拿大、英國、澳大利亞等國。

很多國際大廠採取了召回行動：

6 月初，賓士汽車公司宣佈，因發現個別 M 級賓士汽車的保險帶安裝不合格，決定召回這個系列的汽車返修。這一返修行動共涉及銷售到全世界的 13.65 萬輛汽車，耗資 660 萬美元。

2000 年 8 月 15 日，美國福特汽車公司宣佈召回安裝有凡世通輪胎的「探險者」系列汽車；

2000 年 8 月 24 日，瑞典富豪汽車公司宣佈，由於 S80 車型的前輪懸吊系統出了問題，因此正召回全球共 11.6 萬輛該車型的車子。這些車子全都是在 1999 年到 2000 年間所出廠的。另外，這個問題也發生在 2000 年出廠，大約 700 輛的新 V70 車型上。

法國標致也曾宣佈，因其 206 型汽車有時會無緣無故地讓氣囊突然彈出，要把全球市場上的 40962 輛汽車全部收回。

4.保密的承諾

在溝通過程中應使得顧客的個人資料得到保密。未經顧客允許，顧客的個人資料如姓名、身份、單位名稱等不應透露給無關的人員，包括組織內的員工和組織外部的人員。投訴涉及的人員指：被投訴者、支援協助者和調查者。投訴顧客的個人資料應視為顧客的財產妥善保管，並對顧客作出承諾。

對顧客作出保密的承諾可以消除顧客害怕受到不公正待遇的顧慮，從而更加積極的投訴。

第四節　客戶投訴過程的測量

採取措施對投訴處理過程進行監視和測量，可以證實投訴管理體系是否實現預期的效果，當發現過程未能達到預期的結果時，應採取有效的糾正措施，以確保投訴管理體系按預定的目標運行。監視和測量方法包括：方案評審、對投訴顧客回訪、顧客滿意度調查、神秘顧客調查、投訴目標的定期計算等等。

一、方案評審

對涉及升級投訴的一些較複雜和重大的投訴，應建立對解決方案的評審制度，以確保方案的合理性、公平性和有效性，未經評審的方案不得採取行動。參加評審者包括公司的高層主管、技術支援部門、責任部門等人員，必要時可邀請顧客參加評審。

二、顧客回訪

對投訴處理後的顧客進行回訪，是投訴處理過程中一個重要環節。回訪可以幫助組織對投訴處理服務質量進行控制，瞭解顧客對投訴處理的滿意程度，發掘顧客內心的真正需求，同時回訪還可能將投訴轉化為另一次銷售機會。

據研究顯示，那些對投訴的處理感到滿意的客戶，有50%的人會重覆購買，得到滿意解決的投訴者往往比那些從來不投訴的顧客更容易成為公司的忠誠顧客。

三、神秘顧客調查

監視和測量投訴處理過程的另一種有效的方法是花錢僱用一些人裝扮成顧客，來測試服務人員的投訴處理水準。例如佯裝顧客者可以對餐廳的食物提出不滿，看服務員以及經理如何處理抱怨，可以打熱線電話給公司，提出各種問題和抱怨，看接線員如何應答這樣的電話。

「神秘顧客」方法最早是由肯德基、羅傑斯、諾基亞、摩托羅拉、飛利浦等一批國際跨國公司引進國內為其連鎖分部進行管理服務的。第一個把速食帶進中國的速食店總經理王大東先生認為，羅傑斯設「神秘顧客」的原因是為了讓他們客觀地評價餐飲和服務做得是否好。要他們給員工打分，而他們打的分數與餐廳員工的獎金等是直接掛鈎的，之所以叫「神秘顧客」，就是因為員工們都不知道那位是「神秘顧客」。

美國肯德基國際公司對於遍佈全球 60 多個國家總數 9900 多個分店的管理，也是通過「神秘顧客」的方式，專門僱用、培訓了一批人，讓他們佯裝顧客、秘密潛入店內進行檢查評分。由於這些「神秘顧客」來無影、去無蹤，而且沒有時間規律，這就使速食廳的經理、僱員們時時感覺到某種壓力，絲毫不敢疏怠，從而提高了員工的責任心和服務質量。

電信公司都聘請在校學生、企事業單位職工作為「神秘顧客」，監督視窗服務。方式為詢問營業員簡短問題、用半小時觀察營業員的整體表現，然後填寫有關監測問卷，按月度整理後反饋給有關部門。有關部門據此對營業員進行考核，決定是否繼續予以聘任。短時間內營業人員服務態度有了極大有改觀，基本杜絕了過去應付檢查的現象。

四、定期計算投訴目標

實現投訴目標是實施投訴管理體系的一個重要目的之一。定期地統計、測算投訴目標的達到情況，可以幫助管理者及時瞭解投訴管理體系的實際運行水準，當發現投訴目標低於目標值，或出現下降的趨勢時，就採取有效的措施鞏固和改進投訴管理體系。

五、顧客滿意度調查

僅僅依靠投訴反饋滿意，則無法全面瞭解顧客是否滿意，因為有 95%的不滿意顧客不會採取投訴行動。所以企業通過定期調查和測量顧客滿意來挖掘隱藏在顧客內心的不滿意因素。通過對顧客滿意度的監測、分析和評價，發現顧客對組織的滿意程度，經過進一步的分析和評價，可以發現顧客不滿意的原因，從而為企業提供持續改進的機會和方向，使組織的發展進入良性循環。

顧客滿意度的調查程序一般可包括如下內容：

1. 確定測評項目

影響顧客滿意度的因素很多，如產品性能、產品適用性、用戶期望值、產品可信性(可用性、可靠性、可維修性)、服務、安全性、環境影響、產品交付、廣告宣傳、企業形象、美學規範、外觀、衛生、信譽、產品價格、用戶忠誠等。組織不可能對每一個影響因素都進行測評，可以根據自身的情況分析並判定影響顧客滿意的決定性因素，然後對這些因素進行測評。

2.確定測評等級

顧客的滿意與不滿意是針對特定時間內的特定事件而言，滿意與不滿意程度的區分決定顧客滿意的等級，顧客滿意程度可劃分為很滿意、滿意、一般滿意、不滿意、很不滿意等多個等級，亦可以將等級換算成得分。如下表所示。

表 9-4-1　顧客滿意度測評等級評分表

等級及分數	很滿意	滿意	一般	不滿意	很不滿意
5 分制	5	4	3	2	1
10 分制	10	8	6	4	2
100 分制	100	80	60	40	20

3.進行抽樣設計

進行抽樣設計必須按照隨機性的原則，可根據抽樣要求選擇分層抽樣、整群抽樣、多級抽樣和多級混合抽樣等不同的抽樣方法，一般步驟如下：

①針對要調查的顧客滿意度項目，確定被調查的顧客滿意；

②對可能參與測評的顧客進行定性、定量研究，盡可能明確識別顧客的屬性、類別、分佈和變動情況，以便準確選擇調查對象，測評各類顧客滿意水準。顧客的屬性可分為社會屬性(如職業、社會地位等)和自然屬性(如年齡、性別等)；顧客的分佈情況包括地理分佈、職業分佈等；顧客包括經銷商、代理商、批發商等中間顧客，也包括產品、產品的直接購買者、購買決定者、使用者等最終顧客；

③確定抽樣方案，樣本的抽取數量要適宜；

④選取顧客，列出清單，選取最終顧客的基本條件是：年齡 18～72 歲，近 3 年購買並使用過本組織的產品和服務。

4.問卷設計

顧客，即接受產品的組織或個人，可分為內部顧客和外部顧客。外部顧客可分為最終顧客和中間顧客，顧客滿意度的調查對象不包含潛在顧客；內部顧客是製造產品並向用戶提供服務的員工，內部顧客的滿意是外部顧客滿意的保證。

問卷要尊重顧客，調查的內容應避免使顧客為難，不要佔用顧客太多時間，要體現出客觀性和科學性。其內容一般包括產品名稱、測量方法模型表、顧客的具體意見或其建議、顧客的名稱(姓名)、聯繫人、聯繫方式等。

5.實施調查、收集匯總

企業可選擇第一方、第二方或第三方進行顧客滿意度調查，但這三種方式，客觀性、可靠性、經濟性存在差異相對來說，委託第三方進行顧客滿意度調查比較客觀、科學、公正，可信度較高，但費用也高。

顧客滿意度的調查和收集可採用下列方法和管道：

- 問卷調查；
- 上門(街頭)訪問，當場取回/寄回問卷；
- 座談會；
- 電話調查(邊問邊填)；
- 網上徵詢；
- 顧客投訴抱怨；
- 消費者組織的信息；
- 各種媒體的信息；
- 行業研究的結果；
- 訂單業績分析。

6. 統計數據、分析評價

企業將收集的用戶滿意度數據匯總後，應運用統計分析及評價，分析評價方法一般可以通過縱向分析、橫向分析和顧客滿意度數學模型分析進行，縱向分析是將顧客滿意調查結果與前期比較，分析提高或下降的原因，進一步持續改進；橫向分析是將調查結果與競爭對手對比分析，衡量本企業顧客滿意度的水準，從而得到持續改進及發展的目標和方向。

對顧客滿意度進行數學量化分析的方法有直接計演算法、百分比法和加權平均法等。

7. 採取改進措施

利用調查的結果，找出存在的問題並分析原因，確定持續改進措施，落實到相關責任部門。顧客滿意度報告可作為管理評審的輸入資料，為投訴管理體系的改進提供依據。

心得欄 --

表 9-4-2　某汽車配件廠的顧客滿意調查表

1. 質量	得分
(1)質量很好	5
(2)沒有質量問題	4
(3)質量問題很少（供方對問題點能提供迅速有效持久的糾正處理）	3
(4)因質量問題處理不及時而發生問題	2
(5)問題很多，處理不滿足要求	1
2. 交貨期	
(1)很滿意	5
(2)準時	4
(3)比較準時	3
(4)一般	2
(5)很差	1
3. 服務性	
(1)很滿意	5
(2)及時	4
(3)比較及時	3
(4)一般	2
(5)不及時	1
4. 質量穩定性	
(1)100%	5
(2)平均值在 95%~99%	4
(3)平均值在 85%~95%	3
(4)平均值在 70%~84%	2
(5)平均值在 69%以下	1
您認為與貴公司供貨的其他公司相比，敝公司在質量、交貨期、服務和質量穩定性方面還存在那些不足和需要改進的地方？	
貴公司名稱：　貴公司印章： 責任人簽名：　日期：	
非常感謝您的支援與合作	

表 9-4-3 某酒店的顧客滿意調查表(1)

您的姓名：＿＿＿＿＿＿＿＿　房號：＿＿＿＿＿＿＿
地址：＿＿＿＿＿＿＿＿＿＿　居住時間：＿＿＿＿＿＿
電話：＿＿＿＿＿＿＿　公司名稱：＿＿＿＿＿＿＿

服務項目	滿足度				
A. 接待服務	優秀	良好	一般化	欠佳	很差
機場代表	( )	( )	( )	( )	( )
訂房部員工	( )	( )	( )	( )	( )
門童	( )	( )	( )	( )	( )
前台接待員	( )	( )	( )	( )	( )
大堂副理	( )	( )	( )	( )	( )
行李生	( )	( )	( )	( )	( )
客房服務員	( )	( )	( )	( )	( )
接線生	( )	( )	( )	( )	( )
前台收銀員	( )	( )	( )	( )	( )
商務中心文員	( )	( )	( )	( )	( )
歌舞廳及夜總會	( )	( )	( )	( )	( )
桑拿室服務員	( )	( )	( )	( )	( )
洗衣房	( )	( )	( )	( )	( )
其他意見	( )	( )	( )	( )	( )
B. 客房	優秀	良好	一般化	欠佳	很差
房間大小	( )	( )	( )	( )	( )
照明度	( )	( )	( )	( )	( )
清潔	( )	( )	( )	( )	( )
裝飾	( )	( )	( )	( )	( )
床墊	( )	( )	( )	( )	( )
枕頭	( )	( )	( )	( )	( )
浴室設備	( )	( )	( )	( )	( )

您對房間以上內容有何建議？

____

您認為房間內的設備功能正常嗎？

____

服務項目	滿足度				
C. 餐廳與酒吧	優秀	良好	一般化	欠佳	很差
菜品質量	(　)	(　)	(　)	(　)	(　)
餐飲服務	(　)	(　)	(　)	(　)	(　)
送餐服務	(　)	(　)	(　)	(　)	(　)
早餐	(　)	(　)	(　)	(　)	(　)
午餐	(　)	(　)	(　)	(　)	(　)
晚餐	(　)	(　)	(　)	(　)	(　)
福苑鮮閣	(　)	(　)	(　)	(　)	(　)
早餐	(　)	(　)	(　)	(　)	(　)
午餐	(　)	(　)	(　)	(　)	(　)
晚餐	(　)	(　)	(　)	(　)	(　)
疊翠咖啡廳	(　)	(　)	(　)	(　)	(　)
早餐	(　)	(　)	(　)	(　)	(　)
午餐	(　)	(　)	(　)	(　)	(　)
晚餐	(　)	(　)	(　)	(　)	(　)

第 10 章

建立處理客戶抱怨的團隊

顧客服務是否能夠有效的進行，關鍵取決於擔任工作的人員品質。為確保這個品質，就要擁有優秀的人才，並繼續不斷的給予訓練，致力於品質的提升與保持。

企業經營者必須進行有計劃的教育訓練，讓所有相關人員瞭解必要的事項，以有效減少顧客投訴。客戶投訴部門在客戶服務經理的領導下，負責客戶投訴受理及投訴相關事項的處理。

第一節　人員的選用

顧客服務是否能夠有效而成功的進行，它的關鍵決定於擔任工作的班底人員品質如何。為確保這個品質，就要確保優秀的人才，並繼續不斷的加予訓練，致力於品質的提升與保持。

1.選定抱怨處理負責人

(1)30～45 歲，有擔任過管理職經驗者，盡可能的範圍內有承辦許多不同部課業務的經驗，在公司內交遊廣，在女性較多的單位服務過的經驗者更佳。

⑵充分瞭解消費者問題的意義，對於吸收該領域有關知識，具有積極意願的人。

⑶對於企業內部，能持有自己為顧客代言人之自覺者。

⑷能夠認為抱怨處理部門，絕對不是企業的「防波堤」，而是「天線」的人。

⑸信息感度優異，不拘泥於既成概念，具有彈性發想的人。

⑹公司內外都有廣泛的人際關係，具有說服能力而明朗的人。

⑺性別不拘。

2.經辦人的採用條件

⑴大學以上的學歷或具有同等知識、能力者，性別不拘，出身的科系並不是重要的因素。可能以專政法學院、管理學院、經濟學院、社會學院、家政學院、教育學院等為中心吧！

⑵能夠以對方的立場，善於聆聽他人說話的人。

⑶不會單方面的強迫對方同意自己的意見，具有能與對方共鳴的能力者。

⑷具有生活感覺、生活經驗者。假如是女性，要有主婦的經驗者，即使是男性，也要對於家事等有興趣者，比較理想。

⑸信息感度優異，對於任何問題都有興趣，具有像新聞記者似的感覺者。

⑹明朗，對於事物都能面對問題，積極加予考慮的人。

⑺持有行銷頭腦或具有營業等經驗的人。

⑻聲音明朗，易親近溫馨的人。

⑼口齒清晰，可以正確使用敬語。

⑽並無嚴重的地方方言、口音者。

⑾對於言詞，具有敏感的感受性者。

第二節　客戶投訴管理的工作職責

客戶投訴主管在客戶服務經理的領導下，負責客戶投訴受理及投訴相關事項的處理工作，其具體職責如下所示：

- 負責客戶投訴相關制度的制定，經審批後執行；
- 負責制定統一的客戶投訴案件處理程序和方法；
- 負責對客戶投訴專員進行投訴受理方式、方法的培訓；
- 定期對客戶投訴專員投訴受理情況進行檢查；
- 負責特殊客戶投訴工作的受理及跟蹤處理；
- 負責對客戶服務部門工作進行服務品質評估；
- 協助各部門開展對客戶投訴案件的分析和處理工作；
- 負責檢查審核《投訴處理通知》，確定具體的處理部門；
- 負責定期向客戶服務經理彙報客戶投訴管理的工作情況；
- 客戶投訴突發性事件處理；
- 完成上級臨時交辦的工作。

企業經營者除了必須對顧客的投訴事件制定處理的作業原則與要領之外，還需進行有計劃的教育訓練，讓所有相關人員瞭解必要的事項，掌握處理投訴的知識與相關技巧。有效處理投訴本身可以減輕甚至消除投訴。

企業服務人員處理顧客投訴的能力如何，關係著投訴事件是否得以有效的解決。要提高員工的服務質量，必須不斷組織新員工及在職員工進行訓練。其訓練的有關內容如下：

1. 新員工訓練

新員工上崗前及剛進入崗位期間要加強教育培訓，加強服務意識，樹立商業職業道德。新員工在顧客投訴處理的訓練內容主要包括：

⑴面對顧客投訴的基本理念及處理投訴的原則。

⑵公司既定的投訴處理辦法以及相關的顧客服務原則。

⑶認識常見的顧客投訴項目。

⑷熟悉各種投訴方式的處理要領。

⑸熟悉各種應對用語。

實施新員工訓練時，除了由訓練部門的講師、業務部門的指導員負責訓練之外，還可聘請有實務經驗的現場人員來為新人做經驗的傳授。同時利用公司編制好的手冊、視聽資料以及錄音帶做教材，並利用座談、討論與角色扮演等方式，授以正確的服務觀念，幫助他們建立應有的心理準備。

2. 在職訓練

對於已經在店內實際工作一段時間的員工及具有較高權責的主管，應定期實施在職訓練，其訓練的方式應以討論及座談為主。內容則應著重於現有投訴處理原則、方法的交流與研討，或是特殊投訴事件的認識與處理原則，讓彼此能夠互相討論，求得一致的處理方式，以備將來類似事件發生時應用。

顧客投訴的處理，對於企業經營而言，事實上是一種持續不斷的改進過程。做好投訴的處理工作，掌握處理技巧，其目的不僅在於減少顧客投訴的發生，更重要的是要利用每一次投訴的處理，與消費者建立起長遠的關係，這才是根本目的所在。

第三節 客戶投訴處理人員的管理

一、讓客戶投訴處理人員不再害怕投訴

客戶管理，允許客戶投訴，但不允許不從客戶投訴中汲取教訓，失敗是成功之母，但只有汲取教訓、總結經驗、學到知識、得到磨礪，失敗才能成為成功之母。向失敗學習、向自己的失敗學習、向別人的失敗學習。

有統計顯示，當今世界，每天就有 2265 家企業開張，也有超過 2131 家企業遭受破產。美國知名創業教練約翰· 奈斯漢有一句名言：「造就矽谷如此成功背後的秘密就是『失敗』」。在矽谷，10 個創業公司中真正成功的只有一個，其他 9 個都以失敗而告終。就是這種屢敗屢戰的創新精神，才成就了今天的矽谷。

在有些公司，員工服務受到客戶投訴時，首先是追查責任人，然後是處罰責備，最後是接受週圍人的嘲笑和冷落。在這樣的公司裏做事，員工是害怕客戶投訴，也經不起客戶投訴，結果是員工膽子越來越小，隱瞞真相、躲避責任，最後受傷害的總是公司。

在一些有著先進理念的公司，員工服務受到客戶投訴時，首先是處理客戶投訴，幫助客戶解決問題；然後是查明原因，汲取教訓；最後寬慰員工，鼓勵下次再來。

容忍、寬容、善待，企業不會因此而懲罰發生失誤的員工，這並不是說企業可以放任失敗，而是讓員工養成毫不隱瞞的習慣，把自己做錯的事情公開出來，並告訴大家從中汲取教訓。寬容的文化造就自信和創新精神。

客戶服務人員的情緒控制有多重要？某些客戶服務人員經常會跟著客戶的情緒走，最後站到了客戶的對立面。不會正確控制情緒的客戶服務人員是無法有效的處理客戶投訴的。控制自我情緒，保持情緒的正常和積極態度，是處理客戶投訴時必需的狀態。

二、注意客戶投訴處理人員的整體形象

人往往以自己的親眼所見評判對方，從而確定自己的好惡。客戶是人，他同樣有這樣的習慣。

一個良好的觀感對投訴最終的化解有著非同尋常的意義。它有利於溝通，有利於雙方信任感的建立等等。那麼，怎樣給對方一個良好的觀感呢？

1. 不可傲慢，擺架子

明明是為了傾聽客戶的投訴，以便解決問題，卻擺出一副居高臨下的樣子，這樣的結果只會引起別人的反感，所以作為客服人員，正確的表現應該是畢恭畢敬，保持微微前傾的姿勢。

2. 視線及表情

視線要略往下，避免眼神飄忽不定，或把目光撇開，要溫和地看著對方的嘴形。同時也不可面無表情，因為沒有表情往往表示沒有誠意，應該要邊點頭邊顯露誠懇的神情，專注地看著對方說話。

3. 注意手的擺放範圍

一般說來最佳的手的擺放應當是輕輕交叉在前，並自然垂下。切忌把雙手擺在身後，因為這樣的姿勢會給人傲慢的印象。

還有些人會在不經意中抱著胳膊，或動來動去，或搓來搓去，這些動作都會讓客人覺得你心不在焉，甚至會覺得你很不成熟。

4.挺起腰杆

這一姿態可以表明你很嚴肅的在面對這一問題。這一姿態要求腳後跟緊緊地靠在地板上，重心落在兩腳正中央，雙腳不再搖晃。

如果客戶語氣激烈、投訴時態度強硬，你都要挺起腰杆來面對。特別要注意的是不可擺出一副在「休息」的姿勢，否則會讓人懷疑你是否在聽。

5.服裝、外表的修飾要求

服裝反映個人的品格，邋遢的服裝會讓人覺得他本人一定也很邋遢。因此，代表公司對外道歉時，西裝加領帶是不可缺少的，女性同樣也要著套裝，儘量避免穿休閒服。

6.言行儘量一致

在說出「我誠心誠意地想解決您所不滿的問題」時，即使無法做到使客戶 100%滿意的程度，但只要盡心盡力就是接近言行一致的境界了，至少要有全心全意處理事情的態度。例如，一旦說出「10：00 去拜訪您」時，10：00 就必須準時拜訪。

具體來說就是要守時，並且實現自己的承諾。

以上是在處理客戶投訴時必須做到的，而且每一點都不能忽略。可以說，這六點是一個體系，它構成了在客戶的心目中建立一個良好的觀感的基本要素。

三、加強客戶投訴處理人員的溝通技巧

(一)客戶投訴處理人員必知的措辭

在與憤怒的客戶溝通的時候，措辭是必須非常謹慎的，言語既可能平息怒火，也可能成為衝突的導火索。選擇正確的措辭，並且表明一種積極的、樂於助人的態度是非常重要的。有些原則要注意

一下：

1. 說話盡量委婉些

說「你沒有填對」就不如「這張表格還有些東西需要你們填一下。」

2. 間接說明客戶的不當

讓客戶因為錯誤被點明而覺得難堪，進而惱羞成怒，是非常不利於問題的解決的。

「你弄錯了」不如「我覺得這裏存在誤解」

「你把我弄糊塗了」不如「我被弄糊塗了。」

3. 負起責任告訴客戶能做的

而不是告訴不能做的，即使你無法提供幫助，也不要強調這一點，而是把客戶介紹給能幫他的人。

「我不能……」→「您可以……」

「這不是我的事。」→「讓我想想我能做什麼。」

4. 是幫助、交流，不是下命令

人們都不喜歡沒有選擇的餘地。要文雅地請求客戶去做某件事，或者向他們說明為什麼那樣做，對他們有好處。

人們都不喜歡接受命令。所以要有禮貌地把命令重新表述為請求，或間接地下命令。

「你必須……」→「請您……」

「你本來應該這樣做的。」→「我們最好這樣」

「在這兒等著。」→「您可否等一下？我跟我的上司說幾句話。」

5. 不要引起對抗

假如客戶認為他們受到了批評，他們就會對抗性地即憤怒地作出反應。

「這事你從來沒有做對過」→「這事處理起來有點麻煩」

「你這裏填對了，但是……」→「你這裏填得很好，還有……」

「你要花費……」→「價格是……」

「你有什麼問題？」→「請告訴我發生了什麼事情。」

6. 表示理解客戶的心情

「你瘋了。」→「我能理解你所說的東西。」

「我知道你的感受。」→「我能理解你怎麼會有這種感受的。」

「我不知道你為什麼如此不滿。」→「我能理解這件事怎麼會使人惱火。」

「我也不滿的」→「對不起，給你造成了不便。」

7. 用委婉的方式澄清事實，而不是爭論

「你大錯特錯了」→「聽起來你的意思是說……」

「你的話沒有任何意義」→「也許我理解錯了……」

「這肯定錯了」→「我對你的話是這樣理解的……」

歎氣和咒罵是絕對不要的，單調的歎氣會讓人覺得你很無奈，而一句「他媽的」，會讓所有努力付之東流。

面對憤怒的客戶，要讓你的語調平靜、堅定，充滿關切和安慰。

如果你的說話聲聽起來是惱怒的、不耐煩的，或居高臨下的，那麼客戶會更加憤怒。如果你的說話聲聽起來很自信而且很有禮貌，那麼她就會相信你的態度很認真，這樣就比較容易平息她的不滿。

(二)客戶投訴處理人員的說話術

即使服務非常到位，顧客也免不了會投訴。投訴是顧客的特權，甚至有時也是顧客的愛好。其實，顧客的投訴是件好事，它表示顧客願意跟我們來往，願意跟我們做生意。而我們也可以通過顧客投訴來改進產品或服務的質量，從而使我們更能贏得市場。相反，不

投訴的顧客才是真正的隱患。所以，我們應當以一種平和的心態，去應對顧客的投訴。

世界一流的銷售訓練師湯姆·霍普金斯說過：「顧客的投訴是登上銷售成功的階梯。它是銷售流程中很重要的一部份，而你的回應方式也將決定銷售結果的成敗。」所以，有效地處理顧客投訴的說話術是非常重要的。

以下是處理顧客投訴的說話術案例：

1. 顧客：「你們的產品質量太差了，你讓我怎麼使用呢？」

服務員：「××先生(女士)，您好，對於您的遭遇我深表歉意，我也非常願意為您提供優質的產品，遺憾的是，我們已把產品賣給您了，使您受到了一些麻煩，真是不好意思。××先生(女士)，您看我是給您換產品，還是退錢給您呢？」

2. 顧客：「你們做事的效率太差了。」

服務員：「是的，是的。您的心情我非常瞭解。我們也不想這樣子。我非常抱歉今天帶給您的不愉快。我想以×先生/女士您的做事風格來說，一定可以原諒我們的。感謝您給我們提個醒，我一定會改進，謝謝您。」

3. 顧客：「你們給我的價格太高了。」

服務員：「××先生(女士)，我非常贊同您的說法，一開始我也跟您一樣覺得價格太高了，可是，在我使用一段時間之後，我發覺我買了一件非常值得的東西。××先生(女士)，價格不是您考慮的唯一因素，您說是嗎？畢竟一分價錢一分貨。價格是價值的交換。」

4. 顧客：「你的電話老沒人接，叫我怎麼相信你。」

服務員：「××先生(女士)，打電話過來沒人接，您一定會非常惱火。非常抱歉，我沒有向您介紹我們的工作時間和工作狀況。也許，您打電話過來，我們正好沒上班，況且，您是相信我們的人、我們的服務精神和服務品質的，您說是嗎？」

5.措辭不當會導致不當的語氣和含意

以下字眼就是如此，這些語句你絕對不要用在客戶身上。這些語句是你的競爭對手最希望你對客戶說出來的話，它們會在口角發生時火上加油——再不然，就是口角的導火線。

- 這是公司的規定。
- 有什麼問題？
- 我不能……
- 你必須……
- 你為什麼不……
- 你早就應該……
- 我們不是……我們不能……
- 這是不可能的……
- 我們一直都這麼做……
- 那不是我處理的……
- 我們的電腦故障了……
- 我找不到任何資料……
- 你要我怎麼做嘛……
- 那是你的錯……
- 對不起，我們下班了……
- 我們已經盡力了……
- 可以做的我們都已經做了……
- 那項優惠昨天就截止了……
- (語音信箱)我如果不是在接電話就是不在位子上。

- 我現在很忙。
- 你還要怎麼樣？
- 又有什麼事？
- 我沒空。
- 我一直都沒空。
- 我幫你把電話轉給負責這件事的人(電話轉接——又是語音信箱！垃圾！)
- 那要另外加收費用……
- 沒有(票據、賬號、收據等等)……
- 我沒辦法幫你處理。
- 我們從來不……
- 我得先問問看這麼做可不可以……
- 你必須先把貨退回工廠。
- 要是你……就好了。
- 你可以找經理談，不過他的回答也是一樣的。
- 我可以告訴你我們的工作流程……
- 很對不起，先生，如果我這麼做的話，我會被開除的。
- 可以做的，我都已經幫你做了。
- 經理從來不讓人家……
- 我沒有必要忍受這些……
- 抱歉了(這大概是最糟的一句話，因為它缺乏道歉的誠意)
- 你沒有必要為了區區小事那麼無禮吧……
- 又不是只有你一個人這樣子而已……
- 他們又沒付我多少錢，我何必……
- 那不是我負責的(與「那不是我分內的工作」同樣意思)。
- 先生，我只是在盡我的職責……

- 先生，你不用對我吼……
- 請你不要罵人。
- 先生，你要是再這樣講話，我就要掛電話了。
- (裝腔作勢，皮笑肉不笑地說：)祝你有個愉快的一天。

(三)客戶投訴處理人員的肢體語言

肢體語言是非常重要的溝通方式，會給客戶傳達許多信息，憤怒的客戶在這方面更加敏感。

1. 表情

⑴你的面部表情應當向客戶表明你對他們的困境是關心和理解的，你的表情可以是關切的、真誠的和感興趣的。微笑的面孔可以令客戶放鬆緊張的神經，但是當客戶表示憤怒時不可微笑。這樣，他們可能會覺得你對他很不尊敬，在取笑他。

⑵不要在口頭上做出了表示卻面無表情。

⑶不要不恰當地皺起眉頭表示不耐煩。

⑷不要左顧右盼，心不在焉。

2. 動作

⑴尋找一些重要的文件時，不要顯得手忙腳亂，同樣也不要形同蠢牛，這些都會增加客戶的不滿。

⑵答覆客戶時，對於不熟悉的業務不要露出一片茫然的樣子，要顯得有自信，禮貌回答對方，並將其引見到負責該領域的同事那裏。

⑶將雙手平放到大腿上而不要交叉你的雙臂，顯現出與此無關的無辜樣子。

⑷不要翹著二郎腿，身體歪斜地坐在座位上，這些動作都會給人造成有排斥心理、不願意聽取別人意見的印象。

⑸不要在打電話的時候或在公眾場合嚼口香糖或吃東西。即使你的老闆允許你這樣做，這樣的行為也可能令人惱火，並且可能使不滿的客戶變得非常憤怒。

⑹身體的碰撞意味著挑戰和對對方的輕蔑，要避免碰觸不滿的客戶，他們也許會認為你對他提出的挑戰，剛好激發了他暴怒的神經。

3.姿態

⑴要坐如鐘，站如松，表明你對工作很有激情，對客戶的投訴很關心。

⑵保持一種無威脅性的、不設防的身體姿態。與客戶保持一定的距離，給其留有足夠的空間，不要逼近客戶——這會更加激怒他。

⑶不要懶洋洋地倚靠著。

⑷不要顯現出無精打采、對工作百無聊賴的樣子。

四、處理客戶投訴時的心理準備

投訴是一種「人」的感情的宣洩，這種宣洩使投訴最終將成為人與人之間的相互接觸、交流。人與人之間的接觸、交流並不是一件簡單的事情，特別是在對方是一位客戶，且是一位抱著怨氣來投訴的客戶的情況下，接觸和交流更是絕非易事。因此，我們要求在處理客戶投訴時必須做好心理準備，以保證處理的正確及成功。

1.避免感情用事

我們並不能要求任何一名客戶在投訴時都保持彬彬有禮。事實上，如果某一客戶對商品或服務的期待或信賴落空，他們的不滿或憤怒往往會直接表現出來，這樣在說話或態度上難免會出現過於激動的現象。在這種情況下銷售員必須克制自己，避免受這些激動言詞及態度的刺激而勃然大怒或義氣用事，以致出現相互之間的爭執、衝突，導致雙方的不愉快。

為避免這種事情發生，應盡可能冷靜地、緩慢地交談。因為若能以緩和的速度交談，可緩衝客戶的激動情緒；同時緩慢交談的自製心理也是控制情感、爭取思考時間的根本。另外還要注意儘量用低聲調進行交談，因為高聲調會激發彼此的情緒，很容易導致衝突的發生。

需要注意的是，並非只是在處理投訴時才需抑制自己的情緒。在日常生活中，若不養成用堅強的意志力管理自己情緒的習慣，在處理客戶投訴或其他問題時也難以沈著應付，尤其是對那些聽了一些難堪的話，便立即怒氣衝天、勃然大怒的人就更難委以重任。可以說情緒不穩定的人，很難處理客戶的投訴。

投訴處理是訓練修養的極佳場所，特別是對那些以自我為中心的人來說更是如此。克制自己的情緒去忍受不愉快的事情，雖然是一種非常痛苦的煎熬，卻是無比珍貴的人生經歷。

2. 銷售員要有自己代表企業的心理準備

銷售員應時時有「我就代表著企業」的自豪想法，這是一個對客戶服務的人必須具備的素質。當然，這一自覺性要求在處理客戶投訴時就更為重要，因為它決定了你從那個角度思考問題，決定了你是否能在企業與客戶利益之間找到平衡。

身為企業的代表人，不僅要探究投訴，更要對自己可能引起的錯誤道歉、進行協調。而且，客戶不只是對一個銷售人員埋怨，更會將自己的不滿與憤怒直接引向公司。因此，銷售人員若不具備這種代表公司的力量來做判斷時，懷有投訴的客戶將會立即要求負責人出面，甚至與銷售人員發生爭執，造成不良影響。

3.要有隨時化解壓力的心理準備

不可否認，前來投訴的客戶往往言行過激，有時的確會傷害到銷售員的感情。對客戶服務，通常應該尊重客戶的意思，在處理客戶投訴時應在精神上退一步來應對。常做讓步來對待客戶，就會比較容易對客戶那些帶否定的話充耳不聞，這樣就可避免引起爭執。

在這種情況下，應當注意調節自己的心理。可以偶爾訓練自己，採取第三者的立場來觀察自己忍受客戶憤怒的姿態，這也是精神上作自我安慰的一種方法。因為以第三者的心態來看自己，將給自己帶來意想不到的忍受痛苦的巨大能力。同時也可向同事或親近的人訴說整個事件的經過及所遭受的痛苦，以這種淨化作用來安定自己的精神。

4.要有把客戶投訴當磨煉的心理

把客戶投訴當成一種磨煉實際上也是調節自己的心理，使內心得到平衡的一種手段。有一份平靜地、超然物外的心理對處理投訴自然是十分有利的。

毫無疑問，人生並非只有快樂的一面，也有不少令人氣憤或悲傷的事情。在忍受這些事的同時，也促進了人的成長，並且能培養出體諒他人的心情。如果人生事事皆順心如意，那麼人便不可能有所長進，也必定會失去人生的意義。

的確，面對客戶大聲的斥責投訴，加以他們過激的言詞而只能一味地忍耐道歉，這總會使自己感到難受。何況更有些是起因於客戶自身的問題。但是我們要把處理投訴之事想成是人生的一種磨煉，不斷地去忍受、咀嚼這些痛苦，培養自己的忍耐性及各種優良的品質。但忍受痛苦並不是件容易的事，所以有不愉快的事發生以後，我們不妨對親近的同事說出自己的苦惱，以減輕心理壓抑，同時也期望能充分考慮部屬的處境，多獎勵那些位於第一線上處理投訴的部屬，讓他們鼓起精神。

5.把客戶投訴當成貴重情報

在投訴發生後，有時也應將得失置之度外。之所以有投訴，是因為客戶失去了以往對公司(商店)所保持的信賴，而要再度使這種信賴得以恢復，就必須做一番相當的努力。所以，一流的企業或百貨公司、專賣店，為恢復客戶對他們的信賴，常將得失置之度外來處理客戶的投訴。

6.不要害怕客戶的投訴

傳統的觀念認為：「沒有客戶投訴的消息就是最好的消息。」這是一個可怕的思維模式。

產品有銷售就會存在問題，就會有客戶投訴。經營人員由於害怕問題，害怕客戶的投訴，往往採取「駝鳥政策」，把眼睛閉上、耳朵堵上，不去看，不去聽，這是對自己、對產品缺乏自信心的表現。

客戶的投訴是因為客戶的想法和我們的想法有些差距。總體而言，客戶就是挑剔的。好的東西即使便宜，他們還是會選擇服務週到的店，如果遇到這樣的客戶，你就要有心理準備，忍受他挑毛病的癖好。

雖然我們不希望遇到客戶投訴的情況，但客戶的投訴終究會存在。每次有客戶找上門，或許我們都會下意識覺得又要面對討厭、難纏的客人，心理難免會有「好害怕」、「既然事情已經發生了，沒辦法，只好硬著頭皮應付了」或者是「我來想想比較好的應付方法」等念頭。而這一念之間，往往就是處理客戶投訴的勝負關鍵。所以，絕對「不要害怕客戶的投訴」。

既然客戶投訴商品或服務的事發生了，就只好先處理客戶的投訴，再去做其他的推銷工作。這種處理方法是比較明智的，因為客戶確實是上帝，是財神，失去了客戶無疑是不利的。因此，正確的態度是不要害怕客戶的投訴，客戶投訴是難免的，最好的辦法是妥善處理客戶投訴，繼續工作。

況且，你還可以從另外一個方面想一想。如果客戶真誠地告訴你，上次從你那裏買回的商品不能正常發揮作用，這對於你來說，可能是一條壞消息。如果你換一個角度來分析，這樣的「壞消息」不正是為我們提供協助客戶的良機，也提供了使我們服務增加價值的良機嗎？

7. 不要有「客戶的攻擊是在針對我」的心理

表面上看來，客戶投訴時都是衝著銷售員或者經理人來的，這很可能使銷售員或經理人條件反射似的把這種投訴當成是對自己的攻擊。這種反應只會導致銷售員或經理人的情緒不穩定而把情況弄得更糟糕。例如，我們常常聽到銷售人員投訴：

- 「為什麼我非得要面對那些專愛在雞蛋裏挑骨頭的客戶呢？」
- 「為什麼我非得當場被人大聲辱罵呢？」
- 「為什麼我要被人潑冷水？」

如果心中存有這樣的念頭，那就太消極了。

曾經有一個挨家挨戶拜訪的推銷員，有一次在拜訪客戶時，賣酒的批發商老闆對他說：「像你這種人不要再來煩我。」被趕出門後的兩個月，他整個人都精神不振，完全無法從打擊中恢復過來。現在回想那個老闆對他的不滿，他發現那老闆並不是否定他這個人，而是否定了他曾經不守承諾的疏忽。而這位推銷員以為是對其自身人品、能力的否認，並為此整整懊惱了兩個月。這完全就是心理認識不當造成的。可以想見，如果當初這位推銷員主動認錯並採取相當的賠償辦法，結果很可能是另一幅景象。所以有時客戶的投訴其實無關你個人的人格或品質，而是在產品品質、當時的待客態度、措詞、交涉的內容及約定上出了問題時才會產生投訴。

因此，不要認為客戶的投訴是對你的人身攻擊，事情發生時請想想：「是什麼原因導致現在的情形？」「是我或我們在那個地方出錯了嗎？」把這些想法放在心上，即使客戶對你大表不滿時，也不要只是一心逃避或譴責自己，更不要覺得自己低人一等。

美國有一位女推銷員，就是靠售後服務獲得了極大的成功。這位女士的本領在於能夠讓許多人主動地為她介紹客戶，她幾乎用不著上門推銷，就能接到許多訂單，有些客戶差不多是非她的產品不買的。她是這樣總結她成功的經驗的：「對於我來說，銷售的關鍵時刻，以及我需要做的最重要的工作，是在買主向我購買了產品之後。」

她的做法是：銷售之後，通常用電話和買主聯繫幾次。她向買主說明她打電話的用意，是要弄清楚他們是否滿意她提供的產品，使用該產品是否對他們有利。如果得到的評價是肯定的，那麼，她就誠摯地、簡明地讚賞買主的購買是一項明智的選擇，還順便與買主回憶一下當時洽談時的有趣細節。另外，對於每個客戶，她都存有一份「檔案」，其中包括通話次數和每次通話的內容。在讚揚了客戶之後，她電話中還告訴客戶，準備送一件禮物。通常這件禮物並不貴重，但它卻是客戶該買未買的，它可以增加已購物品的使用價值。如果買主反映產品有問題，她便馬上興致勃勃、信心十足地去處理。

第四節　投訴管理的組織建設

一、訓練員工要瞭解產品，滿足顧客

人不是生來就懂得如何處理投訴的。大多數人在面對投訴時，第一個反應就是道歉。要讓員工接受「投訴即贈禮」的觀念，必須先讓員工改變其心態，此時就得灌輸新知識，對年輕的員工尤其有效。私底下，他們如果面對批評，可能會生氣，這樣的表現在商場上是行不通的。因而，必須對他們進行教育。

迪士尼公司瞭解訓練的重要性，所有新進人員必須參加在迪士尼樂園舉行的為期三天的訓練課程。

訓練課程總監理說：「迪士尼世界佔地 3 萬英畝，有 175 項遊樂設施，每位遊客每次造訪所見到的員工人數平均為 73 位。迪士尼管理部門無法一直監督這些員工。所以我們企圖建立一種文化：員工進一步為顧客付出時會感到自豪。」

產品知識在這裏就很重要了。很多員工對公司產品或服務所知有限。「技術援助管理計劃」(TARP)的總裁約翰· 古德曼估計，提出投訴的顧客三分之一是因為不知如何使用產品，因而弄壞或洗壞了產品，或安裝錯誤導致無法使用。他說，如果你把當初採購時買錯東西的人加進去(買東西時店員向你擔保沒問題，買回家才發現不合用)，再加上誤認產品功能的人數，比率就不只三分之一了。

有些產品很複雜又很昂貴，而且銷售人員自己也沒真正擁有過該商品。以游艇業為例，擁有豪華游艇的人只是一小部份，這些人認為，經銷商在協助船主瞭解維修需要時並不是很恰當，因而給船主帶來麻煩。一位剛買游艇的船主說，他的水幫浦一直有問題。結果他花了一段時間自行研究之後才發現，船艙板下有另一個備用幫浦！經銷商根本連這個都不知道。如果經銷商以專業銷售員及專業服務人員聞名——顧客可隨時向他們請教，這對游艇經銷商的生意有多大幫助！

企業如何主動避免因員工知識缺陷而導致顧客投訴呢？醫護人員是否能在醫院即告知病人，如何得到最好的護理？旅館服務人員是否能教育顧客，如何避免房內用餐等待過久，如何避免辦理退房時大排長龍？零售人員是否瞭解店裏賣的究竟是什麼？公司如何決定員工必須瞭解什麼？很簡單，只要傾聽顧客的投訴，一切就迎刃而解。每一次顧客都會告訴你。因此，設計劃練課程時必須著重客服的議題。

二、確保員工可瞭解顧客的期望

員工若想滿足顧客需求，就得瞭解顧客心裏的期望。例如，針對高科技、銀行及製造業的顧客進行調查，請教這些顧客，他們認為完善服務的最重要元素是什麼。顧客選擇的第一項是「個人化服務」，其次才是產品遞送、產品品質以及方便性。「個人化服務」表示的是，員工協助顧客的誠意有多大，員工是否記得顧客姓名。這是第一線員工必須知道的信息。

假設調查正確，企業就得檢討他們放在第一線的人員是誰。馬里蘭銀行就做到了這一點。該銀行的分行經理並不通過總行的征才管道來招募員工，而這些經理們對留住人才都很有一套。他們招募人才是從分行附近區域來著手。顧客有投訴時，這些當地聘募的人才直接和顧客面對面解決，顧客不需要打電話表示不滿。馬里蘭銀行的顧客都是行員的朋友，行員也會很樂意幫助他們。

再看一個反面的例子。

某連鎖藥店，這家藥店最近才展開「顧客第一」的計劃。客戶拿好商品後，走到結賬櫃台。排在前面的女顧客認為她買的東西比收銀機刷出的金額貴了。於是她跟店員說，如果是那個價錢，她就不要。店員要取消這筆金額似乎不太容易，一邊做一邊歎氣，還翻白眼，同時通過廣播器，大聲呼叫經理過來。經理並沒有出現。此時，後面已經有一大堆顧客等著要結賬了。店員又大叫了一次。只不過這一次她是通過擴音器，大聲解釋整個經過，她說有個客人覺得某項產品太貴，需要經理馬上過來——整個店裏的人全聽到了。女顧客開始覺得很尷尬。經理還是沒出現。此時，店員已經放棄使用擴音器，直接大吼大叫起來了。當時只有一個結賬櫃台是開放的，客人早就大排長龍。每個人都開始注意那個「替大家製造麻煩」的女顧客。最後，經理終於現身，這位經理完全不理會所有的顧客，也沒說出任何道歉的話，伸手從胸前拿出一串鑰匙，插到收銀機裏，按了幾個按鈕，隨即轉身離開了。也沒開放另一個結賬櫃台，留下一大群顧客，仍然站在原來的隊伍中。

顯然，這樣的做法離「顧客第一」的標語相去甚遠，而員工也根本沒有做到真正瞭解顧客的期望。

三、加強協力廠商銷售代理商的培訓工作

1. 加強外包投訴處理人員的培訓工作

就目前的一般家電廠家來說，售後廠家直接服務與協定外包服務相結合，廠家直接服務主要集中在中心城市，協定外包是廠家售

後經理在中心城市簽訂特約服務單位和實施遙控管理。無論是廠家直接服務還是外包形式，最基本是要把投訴處理做到讓顧客滿意，並不是做多少「形式主義」細節工作，給顧客帶來多少增值服務感動他們。所以要做售後工作，必須也要嚴抓培訓工作，加強投訴處理人員認識自己工作的必要性，認識自己對品牌的影響力，認識自己對消費者的重要性。海爾在這方面就做的非常好。它十分重視對服務人員的綜合素質，諸如產品知識、服務應答規範等各方面的培訓，經常性地舉行售後人員培訓，培養服務人員具有過硬的專業知識和兢兢業業為顧客服務的責任心。

2. 加強外包團隊溝通的工作

投訴處理人員對外都代表了品牌和公司的形象，投訴處理各部門之間，主管和部屬之間只有做到經常溝通，互相協調，才能把投訴處理工作做到更好，才能讓服務做到讓顧客更滿意。售後經理要經常打電話或出差拜訪當地投訴處理人員，關心一下他們的生活問題，詢問投訴處理中遇到的問題、技術的難點，討論如何提高工作效率，如何更好地處理顧客的抱怨等等。

溝通是解決問題的萬能鑰匙，也是很好提高服務質量的方式。溝通多了，成了朋友，合作也就自然密切、和諧，投訴處理人員也更有公司的認同感、歸屬感，工作起來也就更加積極了。

四、中心投訴處理部門主動出擊

1. 定期給每個外包售後網點進行跟蹤服務，詢問目前需要什麼配件，維修費用的結算可到賬了，目前的難點、困惑點是什麼等等，隨即做好客情記錄並完整交接工作。

2. 中心售後部門要認真處理每位投訴處理人員的異議和矛盾，

不可動不動用制度壓人，不可搪塞他們。基層的每個售後人員就是中心服務部的顧客，他們的問題必須解決，沒有任何藉口。你敷衍他們，他們無所謂，受傷的還是廠家和消費者。

3. 提醒協助並嚴格要求外包售後人員及時、認真的做好系統檢測表，處理好顧客意見問題，並要有具體參數登記，或者票據憑據等，以便於覆查或結算時出現不必要的麻煩。

4. 中心服務部門要實實在在為外包服務人員做一些延伸服務、「超值」服務，注重感情投資，逢年過節多慰問品、贈送品、換季衣裝了。尤其是換季衣裝，既是代表公司的心意，又宣傳自我品牌。

總之，企業要嚴格要求自己的售後管理層，制定出人性化的工作細節，多用心管理那些外包投訴處理人員，來贏得他們的心，留住他們的心，讓他們更加快樂的、始終如一地為企業、消費者多創造些無形價值，為企業、消費者多提供些積極的影響。

五、人事部門和中層主管也應參與

顧客滿意度與員工滿意度是緊密相連的。顧客的需求得到滿足，靠的是品質優良的產品和令人滿意的服務品質；員工的要求若要得到滿足，則是靠獎勵、表揚、事業發展及工作刺激。人事部門與員工的這些需求有很大的關係。由於人事部門掌握員工的福利，通常也會涉入訓練課程和工作內容設計的過程。如果人事及各部門的中層主管未能參與，創造「歡迎投訴」的企業文化，就會阻礙公司的改進。

「顧客重視投訴的處理」，要讓第一線員工接受這種理念很簡單。高層主管通常也早已接受這個觀念。唯獨中層主管是最難說服的。著名領導專家華倫· 班尼斯說：「領袖是做正確的事的人；經理則是做事正確的人。其中有很大的差別。」做事正確通常是與掌控有關——即管理的部份；做正確的事則是與未來有關——即領導的部份。

班尼斯進一步說：「領導者想的是授權，而不是掌權。授權的最佳定義就是，不竊取別人的責任。」

中層主管授權給員工時，很容易覺得自己的地位受威脅——這樣一來，要自己做什麼？對愛掌控的主管來說，如果自己的控制權會減少，他怎麼會放手讓員工去解決顧客糾紛呢？當然，並非每一位主管都會覺得受到威脅，但為數的確不少。我們發現，企業文化不論要進行何種改變，行動之前若是沒有得到中層主管的全力參與及配合，一定會失敗。我們也發現，中層主管通常並不太瞭解自己的行為。他們總認為自己是改變的先驅，認為組織裏的其他人都會阻礙改變。因而，企業在推進「歡迎投訴」的企業文化時，必須要有中層主管的參與。

心得欄 ------------------------------------

第五節　人力資源規劃

確定和提供必需、充分而且適宜的資源，是確保管理體系正常運作的基礎，投訴管理體系所涉及的資源包括：

1. 人力資源；
2. 培訓；
3. 技術支持；
4. 財務資源。

一、企業組織結構和職責

在所有資源中，人是最寶貴的資源。為了充分發揮人力資源的巨大潛能，明確每一個員工在投訴管理體系中所處的角色和職責是至關重要的。這包括每個員工在收到投訴時都應該知道採取何種行動，將投訴信息移交到那裏，誰有權限可以解決顧客的問題，以及如何處理的流程和指南，特別是對於那些正常情況下不接觸顧客的員工來說，得到清楚的指南更為重要。

典型的投訴管理體系的組織結構見圖 10-5-1。

如圖 10-5-1 所示，組織的投訴管理通常可以分為四個層次：

1. 有機會和顧客接觸的一線員工，如營業員、客戶經理、業務員、送貨人員、安裝維修等售後服務人員，他們往往是第一時間感覺到顧客的不滿和接受顧客投訴的人，因此他們的職責是：

⑴主動徵求顧客的意見。

⑵受理顧客的投訴，並對投訴做出答覆或將信息移交給投訴受

理責任部門。

圖 10-5-1　常見的投訴管理體系機構框架圖

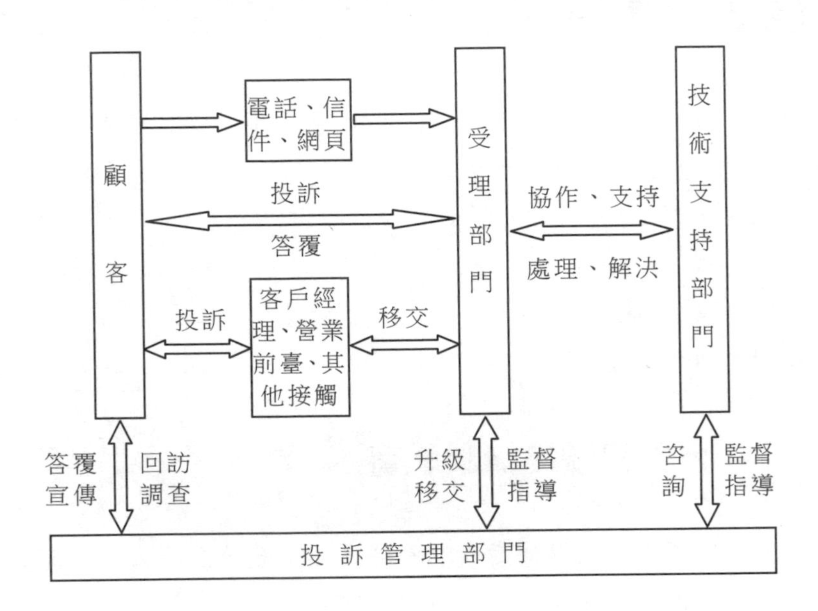

如「首問負責制」規定：最先受理客戶咨詢、投訴的部門或人作為首問負責的部門和人，並負責處理或督促相關部門解決客戶在使用時提的各類問題。其中還特別明確誰是首問負責人。

①客戶來投訴、咨詢時，第一個當面接待者即為首問負責人。特指直接面對客戶受理各類咨詢和投訴者，如線務員、營業員、營業值班表，用戶接待室值班人員和客戶直接來公司投訴的第一接待者(全體員工)。

②客戶來電話投訴、咨詢時，第一個接聽電話者即為首問負責人。

③客戶來信、來函投訴、咨詢時，指定收信部門和個人即為首問負責人，無指定部門和個人的，負責拆閱者即為首問負責人。

2. 指定的投訴受理部門，如投訴咨詢服務中心、客戶服務部、市場部、售後服務等，他們的職責是：

⑴負責設置和管理投訴管道，確保投訴管道暢通無阻、方便可行。

⑵負責受理、記錄、調查核實，及時答覆顧客的投訴。

⑶負責處理和解决客戶的問題，聯繫和協調相關部門制定投訴方案。

⑷負責將重大和疑難投訴問題移交相關管理部門進行升級處理。

3. 技術支持部門，如技術開發部、生產部、網路運行部、工程建設部、系統維護部等，他們的職責是：

⑴負責處理和解决顧客投訴的問題，為受理部門提供建議、指導和技術支持。

⑵負責配合受理部門的進行調查研究，確定和分析事故原因，提出解决方案。

⑶負責投訴後採取糾正措施和預防措施。

4. 投訴管理部門，如質量管理部、總經理辦公室、市場經營部、服務督查部等，他們的職責是：

⑴負責宣傳公司的投訴方針、投訴方式和投訴管道。

⑵負責規劃、建立和維護良好的顧客投訴管理體系。

⑶負責協調督查、管理和指導投訴受理部門、技術支持部門及相關人員的工作。

⑷負責升級處理和答覆重大的顧客投訴。

⑸負責顧客投訴的回訪，定期調查顧客滿意的信息，對投訴信息統計分析。

⑹負責投訴體系的定期內部審核，管理評審和持續改進工作。

(7)負責投訴外部評審流程的執行。

以上是一個例行的投訴管理結構層次，對於小型的組織來說，可能不必如此複雜，例如可將投訴受理部門和管理部門合二為一。

二、工作崗位標準和要求

為了確保從事投訴管理的人員能夠勝任工作，很好地履行投訴管理的職責，組織應規定相關的崗位標準資格要求，從教育程序、培訓經歷、業務技能和工作經驗方面給予明確。

面對需要那些方面的專業素質呢？通常包括：

1. 業務知識和商品知識；

2. 有關的法律、法規知識，特別是消費者權益保護有關的；

3. 公司政策、制度和工作流程，如投訴方針、原則、賠償標準、時限要求等；

4. 理解和領悟能力；

5. 溝通能力，如表達能力、傾聽能力、同理心等；

6. 人際交往能力，如親和力、友善、同情心等；

7. 良好積極的心態，勇於承擔壓力和挑戰。

表 10-5-1 投訴處理專員職位說明書（一）

<table>
<tr><td>職位名稱：投訴處理專員</td><td>部門：客戶服務部</td><td>制定者：××</td></tr>
<tr><td>職位編號：DKH－ZH－004</td><td>所屬單元：綜合業務部</td><td>審核者：××</td></tr>
<tr><td colspan="3">職位目的：
負責客戶的投訴受理、答覆及回訪工作，監督和指導服務人員的投訴處理，定期分析總結，向相關部門反饋信息，協助有關部門的業務協調工作。</td></tr>
<tr><td colspan="3">該職位在所屬單元的角色：
客戶服務部主管指令的執行者
業務經理、項目經理的支援者</td></tr>
<tr><td colspan="3">管理幅度：
該單元總人數：2
直接部屬人數：無
間接部屬人數：無
其他：</td></tr>
<tr><td colspan="3">職位關係：
客戶服務部主管　直屬上司
其他同僚　投訴處理專員　該職位下屬職位
業務經理</td></tr>
<tr><td>客戶綜合管理員</td><td colspan="2"></td></tr>
<tr><td></td><td colspan="2"></td></tr>
</table>

表 10-5-2 投訴處理專員職位說明書（二）

<table>
<tr><td colspan="2">職位名稱：投訴處理專員</td><td>部門：客戶服務部</td><td>制定者：××</td></tr>
<tr><td colspan="2">職位編號：DKH－ZH－004</td><td>所屬單元：綜合業務部</td><td>審核者：××</td></tr>
<tr><td colspan="4">任職資格(最低的學歷、專業、經歷及知識技能要求)：
學歷：中專
專業：市場營銷、通信或相關專業
經歷：1 年以上客戶服務、營銷或相關專業方面的工作經驗
工作技能：具有敬業精神，熟悉電信業務和流程，瞭解電信網路，熟練掌握各類系統的營業及查詢界面的應用，有較強的市場競爭及客戶服務意識，有良好的人際關係，溝通能力、語言表達能力強，反應靈敏、口齒清晰伶俐，能熟練使用電腦。</td></tr>
<tr><td rowspan="2">重要性</td><td colspan="3">責任與貢獻(職能任務或活動)</td></tr>
<tr><td>工作模塊</td><td colspan="2">要素描述</td></tr>
<tr><td>1</td><td>業務受理</td><td colspan="2">負責受理客戶來電、來訪、電子郵件的投訴處理工作。協助主管處理各種日常客戶服務工作，為各類客戶提供業務咨詢、受理、投訴處理等服務；對所負責的投訴案件負責跟踪落實，並協助做好相關協調工作和對客戶的解釋工作。</td></tr>
<tr><td rowspan="2">2</td><td rowspan="2">業務宣傳</td><td colspan="2">負責準備有關顧客投訴工作標準和要求的培訓材料，並實施對前台人員的相關培訓</td></tr>
<tr><td colspan="2">及時回覆各營業廳在處理客戶投訴中的問題</td></tr>
<tr><td rowspan="4">3</td><td rowspan="4">監督分析</td><td colspan="2">檢查各服務人員投訴處理品作情況，對投訴客戶進行回訪</td></tr>
<tr><td colspan="2">指導前台人員處理疑難顧客投訴事件</td></tr>
<tr><td colspan="2">統計顧客投訴處理報表，並跟踪落實上報情況</td></tr>
<tr><td colspan="2">分析總結顧客投訴處理中出現的問題，向相關部門反饋信息，並提出改善管理的意見和建議</td></tr>
<tr><td rowspan="3">4</td><td rowspan="3">協作配合</td><td colspan="2">協助主管處理因顧客投訴升級而引發的訴訟、仲裁案件</td></tr>
<tr><td colspan="2">熟悉各類業務流程，協助技術支持部門做好投訴處理方案的評審</td></tr>
<tr><td colspan="2">學習客戶服務、營銷工作的深入開展</td></tr>
<tr><td rowspan="4">衡量標準</td><td colspan="2">客戶投訴率</td><td>客戶滿意度</td></tr>
<tr><td colspan="2">投訴處理正確率</td><td>客戶流失率</td></tr>
<tr><td colspan="2">投訴處理及時率</td><td>重大客戶投訴事件(扣分)</td></tr>
<tr><td colspan="2">部門配合滿意度評價</td><td></td></tr>
</table>

你適合從事投訴處理的工作嗎？

完成下列測試，自我評估一下你處理顧客投訴的技能水　。

表 10-5-3　投訴處理技能評估表

得分說明：1=從不這樣　2=極少這樣　3=有時這樣
4=通常這樣　5=總是這樣

投訴處理表現	分數				
1. 我覺得我能夠平息大多數顧客的不滿	1	2	3	4	5
2. 遇一個投訴的顧客時，我：					
保持平靜，不被對方的情緒所引導	1	2	3	4	5
不去打岔，注意傾聽	1	2	3	4	5
專心於他或她所關心的事情	1	2	3	4	5
面對口頭人身攻擊時不採取對抗姿態	1	2	3	4	5
減少文書工作和電話的干擾	1	2	3	4	5
外表穿著合體，顯得很專業	1	2	3	4	5
面部神情專注	1	2	3	4	5
和對方對視時顯得很自信	1	2	3	4	5
耐心聽完對方的全部敘述後再作回答	1	2	3	4	5
適當作些啓示	1	2	3	4	5
表現出對對方情感的理解	1	2	3	4	5
讓他和她知道自己樂意給予幫助	1		3	4	5
知道在什麼時候請上司或專業人士解决問題	1	2	3	4	5
語言禮貌、誠懇而又不失去原則	1	2	3	4	5
不使用給對方火上澆油的措施，使矛盾激化	1	2	3	4	5
避免指責公司的其他部門或同事，不推卸責任	1	2	3	4	5
3. 投訴的顧客離去的，我：					
能控制自己的情緒，調節心理平衡	1	2	3	4	5
不多次講述所發生的投訴給別人聽	1	2	3	4	5
儘快分析原因，總結經驗教訓，採取改進措施	1	2	3	4	5

你的分數：

81～100=優秀　61～80=良好　41～60=你需要某些技能培訓

21～40=你需要上司的幫助，制定全面訓練計劃

1～20=你不適合處理顧客投訴

第六節 技術支持

一、基礎設施

基礎設施通常可以分為三大類：

⑴工作場所及相關設施。指投訴管理過程所涉及到的建築物，辦公場所以及配套的水、電、氣設施，組織應重點考慮從方便顧客的角度出發，如何選擇投訴網點的設置，接待來訪顧客的場所佈置等等。

⑵過程設施。指受理投訴時使用的硬件設備，如電腦、辦公軟件、投訴管理系統軟件、傳真機、電話、網路等，組織應重點考慮如何利用 IT 技術工具來提高工作效率，如設計專門投訴信息管理系統、網上投訴系統、800 免費電話等；

⑶支持性服務設備。如出去調查、檢修用的運輸車輛，電話、手等通信工具，複印機等辦公設備。

新力互動中心

在一座樓房裏，新力互動中心宛如一座大型雷達，日夜不停地運轉，收集著來自全國的用戶信息，它也與新力先進的家電產品一起，組成新力立體的品牌，並詮釋著這個國際品牌的深層內涵。

新力互動中心(CCC)被新力公司技術服務本部稱作「新世紀新型客戶管理的窗口」，它將以前分散在各地的顧客咨詢服務系統集中整合，是為適應網路時代客戶服務新要求而設立的統一、規範的服務平台。擁有一整套以電話為主，將包括網路在內的多種高科技手段以多媒體互動方式進行整合的專業化、系統化客戶服務管理系統。通過熱線號碼以及來信、E-mail 和網上留言等方式，為全國的新力用戶提供服務。

在中心的入門處，紅橙黃三色標誌引導人們進入中心的業務區域：從座席代表接電話忙碌的場面到牆上售後服務的全國地圖，從屏幕上各色數字所顯示的電話應答記錄到零件庫的貨架、從牆上「飛馬 IQ 項目」的服務承諾到前台客戶接待處，在平靜的場面背後，互動中心的真實價值正在逐漸顯現出來。

互動中心經理薛峰介紹：公司在產品技術方面很輝煌，更要在服務上創新。這裏，每天人均接電話 80 個，人均處理電子郵件 4 封，每週接待客戶業務為 60 小時，VAIO 電腦為 72 小時。通過 Internet 的月均業務達 3.5 萬件。公司要求的運營指標是：月投訴少於 100 件，直接向東京的投訴每月要少於 1 件。過去向東京的投訴曾達到一個月 15 件，現在降到 0.3 件/月，話務損失率低於 3～4%。這裏，每月接電話達 3～4 萬件，除了回訪用戶，進行滿意度調查外，還實行電話監聽進行服務品質監督。此外，還設立了「新力大使」制度，負責處理投訴、協調部門關係等。互動中心的先進性體現在諸多方面，例如管理人員可以隨時通過等離子大屏幕瞭解即時的電話接聽狀況，包括進入電話個數、電話接聽完成數、平均等待時間、平均處理電話時間、未接聽電話率等；完全網路化的管理使用戶數據庫、電話處理記錄、操作人員工作記錄等資料通過網路實現共享；寬帶網路環境成熟後甚至可以實現可視電話……所有這些基於網路技術的管理，使互動中心的服務具有準確性、及時性、規範性，確保帶給用戶更高品質的服務。

除了客戶服務的職能外，互動中心同時也是瞭解用戶心聲、傾聽用戶意見和要求以及實行現代化客戶關係的極好窗口。通過這個平台，新力可以為用戶提供售前、售中及售後的全方位服務，其中包括產品咨詢、技術支持、顧客式銷售服務等，為顧客提供了多一種的消費方式選擇。公司同時還可以通過這個平台與顧客進行諸如電話調查、用戶信息反饋等形式的更加廣泛的交流。

曾有企業將服務當作一張「牌」，常用「打服務牌」的方式來進行自我推廣。其實，服務不可能是一張牌，它是品牌的一部份，而品牌是立體的，靠打服務牌掙虛名是不可取的。

提起新力，人們往往會首先聯想到其擁有高科技內涵和高品質的家電及 IT 產品，而「新力服務」作為新力卓越品牌不可分割的一部份，却一直「藏在深閨人未識」。事實上，新力的售後服務方面投入了巨額資金，僅售後維修服務方面的投資每年就達 600 萬美元，一直不間斷地擴充高標準的維修服務網路、更新維修服務設施、優化服務手段、提升維修人員技能以及客戶服務質量，從而不斷提升顧客的滿意度。其中，新力大力推廣的覆蓋全國 191 個維修服務站後的「e 化」(e-Service)服務管理項目也取得了成功。

互動中心是新力服務的縮影，在新力全球範圍的「客戶服務主要表現指標」(KPI)的評比中，每年都取得優異成績並獲得總部嘉獎。「客戶服務主要表現指標」(KPI)評比指標包括：維修時間、返修率、零件滿足率、庫存天數、用戶互動中心電話接聽率、服務體系成本等專業指標，通過精確的數字統計來將服務過程的各方面情況歸於科學管理之下，為工作的提高和改進提供了切實的科學依據。由於表現優異，新力服務體系剛剛榮獲了新力集團 2001 週年的顧客滿意 KPI 金獎。

通用電氣公司的投訴咨詢呼叫中心系統

通用電氣公司花了 1000 萬元來建立它的投訴咨詢呼叫中心系統，一年 365 天，每天 24 小時回答顧客的問題。它每年處理的電話為 300 萬次，在該系統的總部有一個巨大的信息庫，它能使中心的客戶代表即時處理 75 萬個詢問者的涉及 120 條產品線的 8500 個型號的產品。其中大約 15%的電話是投訴電話。通用電氣公司通過回訪發現，如果用顧客滿意的方式處理投訴，那麼 80%的投訴者會再購買它的產品。通用電氣公司全面培訓它的客戶代表，為他們提供全方位的培訓課程。為他們裝備了包括有 75 萬人答覆過的檔案的最大數據庫資料。

某公司的營業廳設施配備標準

1. 營業廳內有明顯的公司 CIS 標誌，佈局合理、舒適大方，在各營業窗口前配備明顯的業務標識牌，在營業廳顯眼位置設立「咨詢、投訴受理台」，台上配備書寫工具、投訴登記表意見簿等物品，台前設置舒適座椅。

2. 營業廳內應張貼懸掛業務宣傳畫，業務辦理指南、投訴電話、服務承諾、資費標準等資料。

3. 營業廳內設置報刊閱讀欄、業務資料、投訴指南、新業務宣傳等免費贈閱資料，定期檢查、整齊擺放、及時補充更新。

4. 營業廳內應配備驗鈔機、電子日曆鐘、卡式電話、電腦觸摸屏、電子顯示器等設備。

5. 營業廳內應保持衛生、光線充足，空氣流暢，寒冷或酷熱季節應保證適宜的室內溫度。

6. 營業廳外部應有供顧客停車的場所。

組織根據配置標準進行初期提供，同時在維護、檢查過程中發現損壞要進行更新，如有新的業務需求或顧客的要求出現，使得原有的設施不能滿足要求，還要進行補充和再次提供。

而維護則要求包括員工按規定正確使用、定期檢查和保養、出現故障及時排除和維修、維修好的設施在運行前要再驗證等等，定期對基礎設施的充分性、適宜性、運作能力進行評價，採取防範措施。

二、技術支持

⑴技術支持主要體現在投訴的處理和投訴原因的分析上，需要後台的技術支持部門對前台的投訴受理部門進行配合，例如分析調查問題的原因，確定責任所在，制定解決方案，採取行動快速修復或補救，提供建議和解釋等等。

⑵明確後台的技術支持部門在投訴過程中的職責，有助於快速準確的解決顧客的問題，這對於顧客來說非常重要。相關的技術部門應指定專人來應對和處理顧客投訴的問題，對於大型的投訴服務中心來說，可以配備專職的技術專家和業務骨幹，如某電信公司為解決前後端的協調合作問題，成立了業務支持室，抽調各部門技術骨幹，專門快速響應營銷服務部門收到的顧客需求和投訴問題。

某電信公司投訴管理規定：涉及服務態度、資費問題的重大投訴由市場經營部負責處理，涉及網路質量的重大投訴由運行維護部負責處理；涉及收費、計費問題的重大投訴由計費賬務中心負責處理。

第 11 章

客戶抱怨的事先預防

顧客抱怨是銷售的主要障礙之一。不論它何時以何種方式出現，企業可從商品、服務、環境設施三個層面改善服務，強調「以顧客為中心」的觀念，對顧客保持熱情和預見性服務，訓練僱員對服務的重視，處理好與顧客的人際關係，不斷提高服務工作水準，努力保持優質服務，積極預防，就能夠贏得顧客的歡迎，提高顧客的滿意度。

第一節　要先有客戶投訴的預防工作

顧客抱怨是銷售的主要障礙之一。不論它何時以何種方式出現，商家都應看成是顧客維護自己利益，解決自己的真正需求，維護自己尊嚴的表現。雖然，有時也包括顧客對商品缺乏足夠的瞭解，或缺乏購買條件等種種原因，但是，如果商家能夠積極地加以預防，並且採用正確的策略，往往能夠更好地贏得顧客的歡迎，甚至提高顧客的滿意度。

1. 加拿大消防隊員工作的啟示

提到消防隊員，人們很自然會聯想到時刻待命、全副武裝、遇火不懼、勇往直前的光輝形象。但是在加拿大，消防隊員每天的主要工作卻是西裝革履地到公共場所、居民區等地方宣傳防火、滅火、遇火自救等知識，其認真程度決不亞於保險推銷員推銷保單，簡直忙得不亦樂乎！

有人會問：加拿大的消防隊員忙於宣傳，遇到火災誰去滅火呢？一個奇怪的現象出現了：在加拿大，火災的發生是極少見的。從這個角度來講，消防隊員又是清閒異常，頗令同行羨慕。平時多流汗，戰時少流血。將預防工作作為各項工作中的重中之重，防患於未然，這就是加拿大消防隊員取得如此成就的秘訣！

同樣道理，企業的客戶投訴管理工作也是如此，事後補救不如事前預防。被動地坐等客戶投訴的發生，只是普通消防隊員的角色，充其量最多只能是工作合格而已；真正要做到的是如何預防客戶投訴，防患於未然，才能成為像加拿大消防隊員這樣的高明角色，為公司創造出無法估量的潛在價值。

2. IBM 面對緊急投訴的啟示

某用戶購買了國際著名電腦公司 IBM 公司的電腦，在使用過程中電腦冒煙起火，導致客戶財產損失。接到客戶投訴後，IBM 公司迅速派出處理人員，第一時間趕到客戶處進行現場勘察。由於無法排除是否因非產品因素導致起火，處理人員於是迅速提出了解決方案並與客戶達成一致，避免了事態的擴大。

解決了用戶端問題，IBM 公司迅速組成調查小組，做了大量對比試驗並進行分析，最終確定問題出在電源交流適配器外殼材質上，其長時間在較高溫度下使用會導致老化進而引起冒煙起火。確定了事故原因後，IBM 公司立即要求供應商改進和更換產品材質；針對物料產品材質，加強防火試驗與檢測，並使之制度化；同時，緊急召回大量問題產品，在第一時間處理了隱患，避免更大事故的發生。失之東隅，收之桑榆，IBM 公司最終贏得的是客戶滿意與忠誠。

作為企業，在問題處理、後續改進過程中，要像 IBM 公司那樣做到以客戶為先，以始終如一的態度認真對待客戶投訴問題，切實採取措施改進問題，在制度上、從行動中實現減少投訴產生的目的。

預防投訴工作離不開企業各個部門、各個員工的努力，要求他們認真參與，從小事做起，從本職工作做起，點點滴滴的積累。

在發生客戶投訴之前，企業需要形成一套完備的客戶投訴處理預案，即建立面向企業的客戶投訴受理知識庫，力求受理客戶投訴規範化、制度化並查有所據，根據知識庫迅速解決好投訴處理事宜。客戶投訴受理知識包括可能引起客戶投訴的原因，針對每項可能的投訴制定處理客戶投訴的流程，明確客戶和企業就投訴問題應該承擔的責任，避免由於權責不清造成推諉和爭端。

心得欄 --

第二節　從三個層面改善服務

如果商家對預防顧客抱怨抱有積極的態度，把處理顧客抱怨看作是一種挑戰，是一種施展自己推銷才能的機會，並加以豐富而嫻熟的處理技巧，顧客抱怨或許是可以預防和避免的。

1.商品方面

⑴在經過充分的調查後，採購優良、而且能夠反映出顧客需求的商品：這些商品一旦到貨之後，應該對其包裝、設計、等級、價格、種類等方面重新考慮，並且按照商店本身的經營方針以及顧客的喜好來加以分類處理。如此一來，顧客就不會因為商品太多太雜而產生不知購買何種商品的迷惑了。

⑵確切瞭解商品的材料以及保存方法，以便在銷售時可以提供給顧客有關該商品的特性以及使用上的建議。我們曾提到，不管是多好、多棒的衣服，有時候難免會產生變皺、縮水、褪色等等問題。因此，事先充分的說明使顧客瞭解他所購買的商品具有什麼特性、使用上必須注意那些事項等等，都是商家必須負起的責任。

當然，如果新進的商品可以先使用一次或者先洗過一次作為試驗的話，故障率一定會降低。但是，實際上並不能、也沒辦法如此試驗。因此，商家在入貨之前應該和製造商或大盤商充分溝通，完全瞭解商品的特性同時得到保證之後，才可以安心地訂購。因為經過這一道手續之後，賣方對於賣出的商品具有信心，而且對於使用方法、保存方法、清洗方法等等項目，都可以詳細地提供給顧客；而顧客購買之後，也不至於產生太多的抱怨。

⑶嚴格檢查購入的商品，千萬不要訂購汙損或有缺陷的商品；

如果陳列在店面的商品發生汙損、缺陷的情形時，一定要馬上更新，絕不可以讓次品流到顧客的手中。

這種檢查商品的方法，與其指派全體員工進行監督，倒不如組織一個掌管檢查業務的機構或部門做定期的檢查要來得有效。

以食品業為例，食品或其他與新鮮度有著高度關係的商品，一定要詳細、認真地進行，確保未賣完的滯銷品不再流入市場。

而食品的陳列方式應該採用「先進先出」的原則。也就是先進的商品先賣出去，然後再補充新品，這樣才能夠保證商品的新鮮度。此外，也應仔細檢查保存的溫度，尤其更應該遵守食品衛生法的規定，謹慎留意生鮮食品的保存溫度。

以上是保存食品鮮度應有的條件。其實，最高級的食品除了要有良好的品質管理外，更應當提供購買者在「味覺」上的滿意。

每一個人大概都有買了自己想吃的東西，打開後才發覺味道不好，只好失望地倒掉的經歷吧！這些食品雖然品質好，保存方法也都按照規定，但是，製造商並沒有在外包裝標示上說明它的味道或特性。因此，吃過一次虧的消費者通常不會再上第二次當了。

生鮮食品在味覺上的管理並不是一件簡單的事，因為每個人要求的標準不同。但是，餐廳或飲食店所做出來的菜肴就必須強調「味覺」的「管理條件」了。

餐廳是供給消費者享受菜肴的場所，所以經營者對於如何討好顧客的「味覺器官」有著重大的責任。如果做出來的料理不合胃口，那麼顧客的抱怨也將隨之而來。所以「味覺」的管理是經營餐飲業者亟須注意、並且要時時關心的問題。

經常有消費者提出抱怨，在他們吃的菜肴中有異物出現，其實這些抱怨都可以找出原因。例如鍋碗瓢盆等餐具保管不當時容易破裂、打碎，菜肴中就容易掉入玻璃碎片；而米飯、蔬菜清洗不乾淨時，就可能有小蟲或碎石子藏身其中；此外，如果廚師不按規定穿著工作服、戴工作帽，也可能把頭髮或其他的髒東西掉在菜中。

因此，要預防這些情況發生，必須認真清洗廚房的材料和器具，並且妥善保管；在烹調的時候一定要按規定清洗材料並且著工作服、戴工作帽，避免食物和其他物品接觸。衛生條件好的餐廳通常容易得到消費者的青睞，因此，多花工夫在廚房就有可能會多爭取到一些顧客。

2.服務方面

此處所述的「服務」是指接待顧客的服務方式，它的內容可分為「機能性服務」和「態度性服務」兩種。

所謂「機能性服務」就是根據顧客的喜好、體型來幫他選擇襯衫；或是以豐富的專業知識提供顧客所想要的信息這一類的服務。

相對地，所謂「態度性服務」就是以微笑、誠意、良好的態度來服務顧客。一個企業必須兼備這兩種服務方式，才能真正提供給顧客最優良的服務。

①「機能性」的服務

機能性服務的根本在於豐富的商品知識。例如顧客購買衣料時，營業員應該對此種衣料的使用法、保存法以及清洗方法有實際的認知。如此，才不至於使顧客買回去後，因為不知道正確的使用方法導致變形、褪色，而產生不必要的糾紛及抱怨。

此外，對於每一位顧客的喜好及需求，一定要加以觀察，並且配合他的理想來提供服務。如果顧客想要的東西和營業員本身所提供的東西相同時，「機能性」的服務才算是成功。

②「態度性」的服務

態度性服務的根本在於營業員是否能夠以最和善、親切的態度來提供服務，也就是配合顧客的心情來提供服務。

由於每個人都有自己獨特的性格，所以要迎合所有的顧客並不是一件簡單的事。因此，在面對顧客時應當仔細觀察他的言行舉止，以便配合他的希望提供服務。

事實上，在接待顧客的態度上，每一個企業應該有效地訂立統一而具體的方法來教育員工，隨著這種教育的成功可以直接提高員工在服務方面的知識與水準。畢竟，服務的好壞並不單單由外表可以看得出，精神上產生的氣質與態度才真正左右一個人的態度。

⑴提高服務能力

要想提高營業員待人接物的服務能力，首先必須由工作前培訓開始做起。而崗前培訓的內容通常包括態度、知識與技能三個項目。

知識的教育方面，要讓從業人員多讀書，多闡述一些接待客人的真理，使他們熟記並能接受、理解。

技能項目方面則讓他們實際操作，指導者一邊解說、示範，一邊讓學習者親自示範練習，如此便可知道真正學到了多少。

此外，有關態度方面算是最難進行的項目，因為態度培訓屬於抽象的範疇，指導的內容亦不明確，所以不容易產生立竿見影的效果。但是，這種服務態度卻是接待顧客最基本的事情，因此，如果不盡心竭力要求從業人員，可能會遭到顧客的抱怨。下面探討一下如何加強服務態度的訓練。

態度服務首推「舉止」與「精神」。

所謂「舉止」，就是說話、行為態度和彬彬有禮的動作。這些行為不可能天生就會，必須反覆練習才會有效果。

而精神方面則必須教導學習者保持配合顧客心理的準備。也就是說，對待不同的顧客，應該採取不同的話語、態度才能使他感到輕鬆、愉快。

只要「舉止」和「精神」這兩種訓練可以達到相互補充的程度，

營業員一定能夠獲得顧客的信賴。

例如有些營業員在空閒時就開始三三兩兩聚在一起聊天、說笑，這表明他們不瞭解「等待時機」的道理。因為顧客說來就來，不會給營業員準備的時間。

此外，對產品的認識不足、瞭解度不深也是經常引發顧客不滿甚至抱怨的導火線。有些顧客經常抱怨售貨員老是跟在他們屁股後面，好像是在監視消費者，讓人感覺很不舒服。這種行為也表示售貨員的服務方式不佳，心裏只希望顧客趕快掏錢然後把商品買走。

另外，像包裝錯誤、忘了撕下價格標籤等等疏忽，都代表售貨員不夠重視工作，缺乏對工作以及顧客的責任感。

以上的過失，都可以用教育的方式來矯正。如果這些人為的過失不加以矯正的話，可能會造成消費者極大的困擾與抱怨。對於這些基本問題，企業方面應該特別重視，並且反覆教育營業員，使他們能夠真正地遵守這些原則。

⑵注意精神鬆懈時產生的小差錯

不管商家如何注意本身的服務態度，如何加強店內商品的品質管理，偶爾也會因為一時的小疏忽而遭到顧客的抱怨。當這些不滿產生時，千萬不要一味地向顧客解釋原因或辯解，因為這種舉動只會浪費顧客的時間，增加他的反感。這時候應該機敏地反應給主管，如果責任範圍屬於營業員本身的話，一定要立即處理，以果斷的方式換來顧客的信任。

如果抱怨的原因來自服務態度上或者是售貨員沒注意到的小細節上，就必須誠懇地向顧客道歉，以期得到顧客的諒解。如果顧客的不滿不能當場解決的話，在他離開商店後，可能就無法圓滿地解決了。

任何處理抱怨與不滿的方法，首先要誠心誠意。唯有體諒顧客的心情，站在顧客的立場著想，才能真正消除顧客的怨氣。因此，如何培養誠懇的處世態度，並且訓練從業人員在適當的時機做出適當的反應，實在是企業界在訓練員工時應該特別注意到的細節。

⑶防止貨品運送時產生不當

最近由於私人的速遞服務業競相成立，貨品在運送上的疏忽和不當也逐漸減少。

特別是在運送禮品時，接貨人不單單會從送貨商那裏得到收貨的證明單，有些商店為了保證貨品平安地送到顧客手中，還會委託送貨公司呈交「貨品安全送達證明」的回函供顧客簽收交回。這的確是一種非常週到的服務方式與做法。嚴格地說，這種確定貨品平安無損地送到顧客家中的服務態度，確實是作為商場人士最應具備的品質。

因此，在準備托運貨品之前，賣方一定要詳細謹慎地檢查包裝是否得法，不要讓貨品在運送途中輕易地破損；當貨品是食用物時，也要注意到保存的期限以及新鮮度是否會在運送途中遭到破壞，以免顧客收到的時候已經無法再食用了。如果確認在運送食用的貨品期間可能會影響到它的鮮度，那麼賣方一定要事先提醒顧客注意這件事實。最好的方法還是不要運送為妙，因為商品代表公司的名譽，與其讓公司的名譽「變酸」、「變臭」，倒不如少賺一些錢要來得划算。

3.環境設施方面

如果顧客在商店中發生意外而受傷的話，不管商店方面如何振振有詞，對事故都負有不可推卸的責任，因為事故是店方的安全措施不到位造成的。例如陳列窗的玻璃、天花板上的吊燈、壁飾是否有破裂、掉落的危險；地板是否過於潮濕、光滑等等，都是店方必須事先詳細檢查，特別仔細注意的重點。

此外，遇到特別事故如地震、火災時，應設立的緊急出口、太平梯、逃生路線等等措施也一定要預先設置妥當。如果緊急出口或太平梯的通道上堆滿貨品的話，萬一發生事故時，就可能會造成相當大的悲劇。所以，一定要特別留心。

此外，不單單是店內的設施需要檢查，店外的設備如招牌或外壁，也必須多留意，以免鬆動掉落，打傷過往的行人，造成意外事件。如果其他的商店不巧發生了類似的事故時，不可背地裏嘲笑，一定要引以為鑑，檢查自己店內的設備是否安全，然後妥善改進，以避免相同的慘劇再次發生。

只要商家多盡一份心預防事故發生，消費者也就能多一份安心來光臨商店了。

心得欄

第三節　對顧客保持熱情和預見性服務

1.強調「以顧客為中心」的觀念

採用什麼方式都不能代替僱員和顧客之間面對面的接觸。例如在麥當勞，管理委員會的每個成員都有義務經常到工作區巡視，和僱員及顧客「保持聯繫」。這種巡視對於提高管理人員對職員及顧客的需求和期望的瞭解，增加顧客對服務的滿意程度都很有好處。也正是出於同樣的理由，多米諾比薩餅店的管理小組每週要視察兩個分店。同樣，列維・斯特勞斯的行政人員也要抽時間到零售店賣牛仔褲，路達集團的管理人員要與司機一起到它們的公路上開車。

2.舉行定期的員工大會

在對服務性企業的調查中，我們發現最薄弱的環節就是交流環節。我們確信普通職員獲得能讓他們有效工作的信息還達不到 50%，可能基於此，職員們每天才會浪費那麼多時間。

在麥當勞，每個餐館、每個辦公室的每位管理人員每週都要舉行一次職工大會。在會議上，顧客滿意這個最高目標被不斷地強調。同時，經理還詢問諸如如何提高顧客滿意程度、如何創造更好的工作環境等的意見和建議。僱員、經理和主管的建議都被公司採用，以實現公司、客戶均受益。

遺憾的是，很多公司都沒有很好地組織和舉行會議。實際上，會議太多了也是浪費時間。下面，我們將就職工大會提出一些建議並強調一些問題。

應當舉行定期的每週一次或兩週一次的職工大會，在決定確立議程之前讓僱員們都提出自己的看法，保證你對到會人和會議主題有相當的瞭解。要有足夠的時間用於事前通知，進行會場安排，並保證會議按時開始、結束。

在召集會議時，要把所有的事實都告知大家。用最清晰的方式表明你的建議或解決方法能使雙方都達到目標，可以避免衝突並使大家都合適。通過強調合作的必要性，就能達到一種雙方均有利的結局，要讓儘量多的職員參加，並杜絕任何形式的威脅或強迫。隨著會議的深入，應在一些關鍵問題上達成一致意見，並號召大家行動起來。

問答方式會議與標準的職工大會有些不同。問答式會議要取得圓滿，必須要提出問題並要讓與會者回答你的問題，而不是他們之間相互討論，要避免由一個人全部說下去。同時還應學會應付一些棘手的問題，對於那些實在不能解決的問題，適當地予以迴避，關鍵時，可將問題再表述一遍。對於任何不利的回答或是敵意，要冷靜、積極地對待。在整個會議期間，注意保護與會者的尊嚴和感情。

無論在問答會議或職工大會中，都要注意給每位與會者表達自己的想法和需要的機會。會議中各方，不管是調解人還是聽眾，都有義務對於事實、自己的意見和感受保持公開和誠實的態度。討論的議題應是那些能夠改變的事情，對於不可變的事情進行沒完沒了的爭議是毫無意義的。解決問題所使用的語言應該是描述性的和陳述性的，而不應該是規範性的。對於問題的回饋也應是具體、描述性的，而不是籠統的和武斷的。

有了這些準則，你就可以將衝突解決得使雙方都有益。每一方都實現了原來目標，都可以接受解決結果。

3.訓練僱員對服務的重視

雖然我們明知道重覆了，但還是要反覆強調：我們所接觸和研究過的服務業巨人都在人員培訓上進行大量的投資。培訓是建立並維持顧客核心和保持顧客基礎的最重要手段。培訓可以提高技能，增加知識，並形成一種在僱員心中把顧客放在首位、遵守公司服務目標的觀念。

前不久對美國紐約郵件服務業的一次調查中，29 個重點小組的 152 名僱員被詢問了下面的問題：「若你離開公司到其他地方工作，主要原因是什麼？」在許多回答中，最重要的且出現次數最多的是下面兩個答案：

⑴如果我沒有什麼發展，沒有學到新的技能或不能發揮自己的特長，我將會離開公司。

⑵若老闆對我不尊重，我將離開公司。

企業應把培訓當作是一項長期的過程來看待，而不是一套單獨的課程。事實上最有效的培訓方案應包含多門課程以逐步提高職員的技能。企業應保證培訓的每個階段都有其詳細的目標和課程計劃。

培訓一定是參與式的而且要模擬實際情景，給參與者的回饋信息很重要，這樣才能使他們真正地有所提高。

培訓似乎花費很大，但從長遠來看，公司在沒有培訓情況下的經營花費會更大，培訓應被看作是個利潤中心而不是成本中心。

為了與顧客維持更親密的關係，可培訓並鼓勵管理人員及一般僱員做以下的事情：

⑴如果你是顧客，你想得到什麼樣的令你滿意的東西？

⑵定期考察內部顧客的滿意程度。

⑶注意聽取分銷連鎖店中的每個人的建議。

⑷禁止官僚主義現象，讓顧客能更方便地與你對話。

⑸進行售後服務，經常同顧客保持聯繫。

為評價僱員培訓方案在保持服務協調性上的貢獻，公司可詢問以下問題。

- 公司近期的服務目標是什麼，達到的程度如何？

- 服務預算是否充足且使用正常？
- 每位職員的工作生產率是多少？
- 每位職員完成的銷售收入是多少？
- 每位職員帶來的利潤是多少？
- 表現最好的職員是否得到最高的提薪？
- 如何獎勵優質服務人員？
- 作為總成本的一部份的工資成本是增加了，減少了，還是保持不變？
- 服務投訴所產生的成本是多少？它是增加了，減少了，還是保持不變？
- 顧客投訴和問題得到解決之間的時間間隔是多久？
- 不滿、罷工、破壞、曠工、靜坐罷工、怠工的頻繁程度及其代價。
- 工作評價的標準是否及時和有效？
- 實際的服務和銷售報告得到及時的審查了嗎？

如果對於這些問題的回答含糊不清的話，那麼職員培訓方案無疑是失敗的。

4.不斷提高服務工作水準

⑴建立支持並鼓勵創優的機制。

⑵應該對工作導向的培訓進行大量投資。

⑶讓最高行政主管向整個公司表明他的工作計劃。

⑷為提高整個公司的工作成效，應排除一切障礙。

⑸養成定期查看內部和外部環境的習慣。

⑹假定你可以做得更多，更好。

⑺設置需求目標並對其中之一作不斷的改進。

⑻不斷取得小的進步，要堅持不懈地努力。

⑼把最傑出的僱員樹立為模範，宣傳他們的行動和工作方式。

⑽應向僱員授權，使其能夠在有關顧客滿意的問題上進行決策。

5.接近顧客

我們需要找出 4 個基本問題的答案：

⑴我們如何從顧客那裏得到信息？

⑵公司裏的什麼人應獲得這些信息？

⑶對於信息作什麼處理？

⑷前三個問題的回答中，我們可得出什麼結論？

他接著列舉了收集數據和得到回饋信息的三種最有效的方法：公司開一個由公司付賬的熱線電話(這在最高 5 分的有效性評估中得 4.08 分)，重點小組調查(3.9 分)，郵寄或電話問卷(3.75 分)。

通過公司熱線電話來看，顧客滿意而且反應也相當熱烈。由於不用付電話費，所以顧客可以自由地談他們的想法。顧客服務代表處的接線員應該是公司裏最傑出的推銷員，通過這樣的方式，顧客服務也變成一個利潤中心。

一般情況下，顧客信息到達顧客服務部或是顧客事務辦公室，並就此而止。我們儘量建議這種信息應以總結的形式在整個公司從上到下地傳閱，至少每兩週或每月一次。保持對顧客的關切有利於在公司中強調顧客滿意這個工作中心。

泰克新力克公司是美國一家製造深度探測儀的小型企業。公司董事會主席傑姆斯·巴克走訪了全美的 25 組運動員，他們告訴他想要一種在刺眼的陽光下也能看清的深度尺，他聽取顧客意見並製造出了這種產品。據賽勒斯報導，因為對這種需求的積極回應，泰克新力克公司佔有了全美深度探測市場(1988 年的銷售額)的 4%，雖然它還面臨著 20 家日本公司的競爭。

6.努力保持優質服務

在企業中是由最高行政主管擬定全面客戶服務基調並全權負責，而在生產前線主管實現公司管理策略的卻是一些普通的僱員。在所有高級管理人員中存在的一個最大問題是：如何讓僱員保持高昂的士氣，尤其是出現困難的時候。當出現不利情況時，公司如何讓它的服務隊伍繼續保持忠誠和熱情？

管理者如何才能激發並保持僱員熱情呢？怎樣能製造出令人振奮的氣氛呢？波士頓的富羅姆公司是有關顧客服務的一家諮詢公司，他們大力推薦的兩種作法就是確認並利用所有職員的知識和特長，並始終對他們給予關懷。

始終對僱員予以關懷，這種關懷不是放鬆管理而是嚴格的管理，就像一位船長對所有船員的關懷，你必須表示對僱員的關懷。在價值觀上要保持堅定，對出現問題的僱員要進行批評，制定具有教育意義的紀律，對模範行為給予積極的鼓勵。

這些建議看上去雖然簡單，但卻會改變我們的管理方式。你將會看到這些努力是值得的。

7.改善激勵手段

麥當勞是進行有效的管理並保持其連續和熱情的一家企業。它是如何做的？任何人都不可能在任何時候都十分踴躍，麥當勞的管理人員想出很多辦法來讓他們的職員保持對工作的興趣。

誠然，這些方法中的行動並不是要代替那些基本良好的人際關係的活動，每日的人力資源管理還是相當重要的，它通過一些定期的、激勵性工作總結來補充。每週的員工非正式會議也還是必要的，同時還必須樹立管理人員在行為舉止、奮發向上、熱情以及服務導向方面的表率作用。

在具體操作這些方法時，還要鼓勵管理人員每隔一月左右的時間選出一位表現最突出的職員並進行獎勵。有關該活動的情況應公佈在告示欄中，並在每週一次的員工會議上進行討論。重要的是讓每個人都參與到這項活動中，這樣產生的集體合作精神有助於提高服務品質。

⑴每月最佳僱員

在企業中特別是在零售業中，每月評選最佳僱員的活動已變得相當普遍。有時變換一下主題可以使其更加生動。例如，管理人員普遍依據一些預定的標準選擇參賽人員，這種評價標準一般是和某些領域如顧客服務相關的。或可以讓僱員們自己決定評選標準、提名並選舉出表現最佳的僱員。這是可以加強顧客服務觀念的一種絕好方法，很多公司都採用這種方式，並從中受益不少。

對這種榮譽的獎勵並非要很貴重，但必須是公司授予的，例如在告示牌上張榜，送表揚信到家，一個紀念牌或是使用特殊停車場地等。若可能的話，應該當著獲獎人同級工作人員的面進行獎勵。

⑵僱員參與

由突出的服務人員組成的委員會應參與到一些特別的管理項目中。這種參與會使僱員更加清楚地知道公司的目標。該委員會的人員應頻繁變動，以便很多人都能有機會參與。

該委員會可以參與各種各樣的活動和項目，從佈置晚會會場到概括服務工作標準，評價系統、安全以及團體關係等。讓僱員的想像發揮作用，只要能對公司管理形成積極的推動作用就行。管理人員應儘量採納那些可促進優質服務、使顧客滿意的想法。

⑶工作輪換

員工對工作感到厭煩，是對現代工業的最大挑戰之一，感到厭煩的工人士氣低落，工作效率低。但那些主動地去掌握新技能的職員卻感到他們每天都在進步，他們是會留下來的。

給予職員充足的機會以尋求發展的方式之一是工作輪換。這樣做還有一個優點是，整個公司的靈活性增強，並為高技能的工作提供了後備力量。

⑷僱員推薦

一般情況下，被其他僱員介紹來的僱員工作比較突出。為獎勵推薦，應讓僱員告訴他們的朋友或鄰居有關公司的事情，並對這種行為給予獎勵。若你將報紙招聘廣告費用的一半用作獎勵費，那麼你既節約了錢又獎勵了一名僱員。把推薦獎金部份和推薦來的新僱員留任相聯繫也是一個很好的想法，例如說留任三個月或是更多。另外一些公司把新僱員表現和推薦人的獎金相聯。

心得欄 ----------------------------------

第四節　與顧客建立長期關係

能否與顧客建立長期關係一般都要取決於首次交易的結果，有時也取決於你售後服務的相應效果。

美國有位銷售員叫吉拉德，號稱「世界上最偉大的推銷員」，年均銷售汽車達 1000 輛之多。他的目標就是「賣給我的顧客一輛能用一生的汽車」，他就是用隨叫隨到、保證滿意的銷售服務方式，使顧客每當想買新車時總想到他。這就是他的訣竅。在他寫的一本暢銷書《如何向任何人推銷任何東西》中，他講到有些顧客為了向他諮詢買車寧可等一兩個小時也不願和其他銷售員接觸。看完這個故事，你計劃如何讓顧客一次次的想到你呢？

當顧客完成購買時，他們的滿意和不滿意程度會各有不同。如果滿意，那麼可想而知，在將來有新需求的時候，他們首先想到的就是你。但如果不滿意，那麼也就意味著你將失去這個顧客了。

如何使顧客滿意呢？方法之一就是在交易完成之後立即提供良好的售後服務。因為即使已結束購買，顧客對自己購買商品的決策仍心存疑慮。所以銷售員在交易過程結束後，應這樣說：「這件衣服如有不合適之處可以退換。」或者：「購買我們的保險，你作了非常明智的決定。無論發生什麼事，我們都會按保險條例給您妥善的安排。」這樣就加強了所提供的服務效果。

對於使用過產品和服務的顧客，及時收集回饋信息是方法之二。顧客對其購買是否滿意呢？如果答案是肯定的，那麼你將來會有潛在交易；但如果答案是否定的呢？那麼商家就應該做些補償才能讓顧客從不滿意轉為滿意。如果能竭盡全力解決問題並讓顧客滿意，那你就會與顧客建立良好的關係。

結果表明，如果你和顧客的聯繫能持續下去，最終你們一定會建立一種相互受益的夥伴關係。夥伴關係建立在相互信賴和相互滿意的基礎上，雙方從中都可以受益，一方取得了滿意的服務，另一方則得到了利潤。顧客因為能得到良好的服務而迅速打消疑慮，縮短了決策時間，減少了不必要的麻煩；賣者得到的好處在於銷售額增加，費用降低。相互夥伴關係還會有宣傳效果，它給銷售員帶來了新的交易機會。通過顧客群的交際關係圖，你的名字就會像吸鐵石一樣吸引更多的客戶找上門來，成為一種更省錢的廣告。

商家在完成交易後，最好能派技術人員幫助顧客安裝產品，使其正常運行，售後服務不僅是這一項內容，還需要跟蹤服務。這對於保持良好聲譽非常關鍵，也為將來的合作打下了基礎。當然此類售後服務可通過電話、信件或親自上門等形式進行。

電話是一種與客戶保持聯繫的快捷方法。例如可以通過電話詢問:「產品是否工作正常？對於該產品你是否完全滿意？」書信的形式固然也是不錯的，但是比電話少點人情味。因此，親自登門拜訪相對來說更合適，更能與顧客保持密切聯繫，也能得到更準確、更有價值的回饋信息，一舉兩得。

第五節　處理好與顧客的人際關係

一個經驗豐富的推銷員曾說，他得到的最有價值的一條銷售經驗就是：「與每個顧客都成為朋友」。那位成功的推銷員發現友情經常在交易中成為決定性的因素。也許你有價美物廉的產品，但競爭者的產品可能與你不相上下，這時顧客如何選擇？最後交易總要落到顧客感覺最好的銷售員身上。而讓顧客喜歡你的最好辦法就是成為他的朋友。

1.像朋友一樣行事

衣著得體，儀表大方是良好的職業形象。向顧客打招呼時，要面帶微笑。關心顧客的工作、家庭和愛好，讓顧客感覺到交易只是次要的，首先你們是朋友。許多銷售員對此不以為然。他們非常瞭解產品和服務，但恰恰忽略了損害形象的細節，從而失去了潛在顧客。

許多現象讓顧客產生反感：穿著隨便可能別人會認為你是不認真的，穿著不修邊幅或者拿出折了角的說明書也會招致顧客討厭；有時紙上字跡模糊都嚇走客戶，因為他可能認為重要的信息都會在這張紙上；你用一輛骯髒的汽車帶顧客去吃飯，當你把一些垃圾留在椅子上或者把盤子摔到地上，甚至在與顧客剛見面時，就說粗魯的話，還有交換的名片是舊的等等，都會說明你是一個粗俗的人，毫無修養可言。如果你自己的表現根本不好，你的公司也不會好到那兒去，既然印象惡劣至此，交易更無從談起。因此在銷售過程中，必須努力樹立良好形象，這對於與顧客建立持久關係是至關重要的。

2.稱讚客戶

恰到好處的稱讚能讓客戶感到高興。例如，進入客戶的辦公室後，環顧室內陳設，找一件對客戶而言比較重要的東西，表現出你的濃厚興趣。一定要發自內心地表達你的感覺，不真誠的言辭很容易給人虛偽的感覺，這樣你會被排斥。另外，表達稱讚可以採用一些很巧妙的方法，不要總是說：「這看上去真不錯。」只要說：「能告訴我更多嗎？」就能達到效果。

你是否覺得得到認可和贊許心裏很舒暢？有沒有希望別人少稱讚你的時候？很可能沒有，每個人都需要贊許和認可，要知道你的顧客也同樣是這樣的。因為每個人都喜歡被人稱讚，那種善於稱讚別人的人一定招人喜歡。真誠地稱讚也是建立持久聯繫的方法，每個人身上都有優點和長處，這就要求你去發現。如果你仔細觀察，就會發現每個客戶身上都有可稱讚的地方，例如工作成績、家庭、外表、愛好、個人感覺或別的較突出的事情，要讓人們認識到你是在真心稱讚他們而不是奉承。

3.發現共同愛好

有共同愛好的人很容易談到一起，甚至成為朋友。如果確實找不到共同感興趣的事，那就對客戶的愛好表現出濃厚的興趣並希望更多瞭解。如果客戶喜歡垂釣而你從未釣過魚，那麼你就說：「我總覺得釣魚可以修心養性很想學，如果我開始學釣魚，你能告訴我應準備一些什麼樣的用具嗎？」

4.送客戶小禮物

找合適的機會送給客戶小禮物來溝通與客戶間的感情。也許客戶非常想參加一場活動，而你有機會得到入場券，那麼就及時地送給他一張，這樣一來彼此高興，何樂而不為呢？或者送給客戶一件他早已心儀的小玩意。但切記一定要在合適的環境下，同時提出恰當的理由，千萬別讓人感覺你另有所圖。如果禮物被認可那麼你也會得到稱讚，一旦客戶接受了小禮物，那麼你們就是朋友了。

允許你的客戶為你做同樣的事情。如果你幫助了某一人，他可能會以這種方式表示謝意，別拒絕，接收它也為你贏得你的客戶提供了機會。

5.顯示出對客戶的重視

銷售員需要不停地向合作愉快的客戶表示感謝，在特別的日子，例如春節、客戶生日或其他紀念日，大多數銷售員都應寄發賀卡與小禮品。特殊的日子裏的小禮物能給客戶帶來驚喜。

心得欄 ----------------------------------

第 12 章

客戶抱怨的危機管理

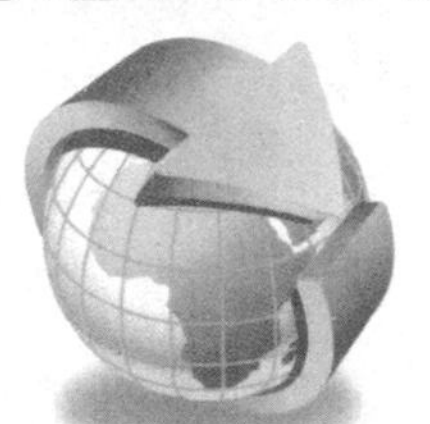

在市場競爭日趨激烈的今天，危機無時不在覬覦著企業，威脅著企業的生存。大多數企業危機起初多源於一些不起眼的顧客投訴。因此企業能否從投訴中發現危機的陰影，並有一整套完整的危機管理機制及時應對，將關係到一個企業的盛衰存亡。

有效的傳播溝通工作可以在控制危機方面，發揮積極的作用。

第一節　客戶投訴危機概述

一、危機的定義和特點

1. 客戶投訴危機的定義

關於危機的定義有很多，常見的有如下幾種：

⑴危機是當人們面對重要生活目標的阻礙時產生的一種狀態。這裏的阻礙，是指在一定時間內，使用常規的解決方法不能解決的問題。危機是一段時間的解體和混亂，在此期間可能有過多次失敗的解決問題的嘗試。

⑵危機是生活目標的阻礙所導致的，人們相信用常規的選擇和行為無法克制這種阻礙。

⑶危機是一些個人的困難和境遇，這些困難和境遇使得人們無能為力，不能有意識地主宰自己的生活。

⑷危機是一種解體狀態，在這種狀態中，人們遭受重要生活目標的挫折，或其生活週期和應付刺激的方法受到嚴重的破壞。它指的是個人因某種破壞所產生的害怕、震驚、悲傷的感覺，而不是破壞本身。

2. 危機的特點

危機具有意外性、聚焦性、破壞性及緊迫性等特點。

⑴意外性。意外性是指危機爆發的具體時間、實際規模、具體態勢和影響深度，是始料未及的。

⑵聚焦性。聚焦性是指進入信息時代後，危機的信息傳播比危機本身發展要快得多。

⑶破壞性。破壞性是指由於危機常具有「出其不意，攻其不備」的特點，不論什麼性質和規模的危機，都必然不同程度地給企業造成破壞，造成混亂和恐慌，而且由於決策的時間以及信息有限，往往會導致決策失誤，從而帶來無可估量的損失。

⑷緊迫性。緊迫性是指對企業來說，危機一旦爆發，其破壞性的能量就會被迅速釋放，並呈快速蔓延之勢，如果不能及時控制，危機會急劇惡化，使企業遭受更大損失。

二、客戶投訴危機的定義和表現形式

1. 客戶投訴危機的定義

客戶投訴危機是當人們面對客戶投訴處理目標的阻礙時產生的

一種狀態。這裏的阻礙，是指在一定時間內，使用常規的解決方法不能解決客戶投訴過程中的問題。客戶投訴危機是一段時間針對某一位客戶或某一類客戶投訴的解體和混亂，並在此過程中有多次失敗的解決問題的嘗試。

客戶投訴危機具有與其他危機相同的特點，化解危機的思路也大致相同。但客戶投訴危機主要來自客戶投訴處理過程，因此，防止客戶投訴危機的最重要的工作手段就是預防及正確處理客戶投訴。

2.客戶投訴危機的表現形式

不同類型的客戶投訴危機，處理的方法存在著很大的差異。在處理危機前，企業首先要確定客戶投訴危機的類型，以便於有針對性地採取對策。常見的企業客戶投訴危機表現形式主要有信譽危機、決策危機、經營管理危機等。

⑴信譽危機。企業在長期的生產經營過程中，企業客戶及社會公眾對其產品和服務會形成一個整體印象和評價。當企業由於沒有履行合約及其對消費者的承諾而產生一系列糾紛時，甚至給合作夥伴及消費者造成重大損失或傷害時，企業信譽下降，失去公眾的信任和支援，這種情況下客戶常常會因產品小小缺陷或服務瑕疵而投訴形成信譽危機。

⑵決策危機。決策危機是指企業遇到客戶投訴，處理過程中因決策失誤而造成的危機。有時客戶投訴時只需要客戶服務人員耐心聽取其意見，並在企業授權範圍內給予客戶一定的補償就可以有效解決，卻因客戶服務人員不願承擔責任，在處理過程中不知變通，而增加了這種決策危機的發生概率。

⑶經營管理危機。經營管理危機是企業管理不善而導致的危機，包括產品品質危機、環境污染危機、關係糾紛危機。

第一，產品品質危機。企業在生產經營中忽略了產品品質問題，使不合格產品流入市場，損害了消費者利益，一些產品品質問題甚至造成了人身傷亡事故，由此引發消費者恐慌，消費者必然要求追究企業的責任，從而產生危機。

第二，環境污染危機。這是指企業的「三廢」處理不徹底，有害物質洩露、爆炸等惡性事故造成環境危害，使週邊居民不滿和環保部門的介入而引起的危機。

第三，關係糾紛危機。這是指由於企業錯誤的經營思想、不正當的經營方式、忽視經營道德、員工服務態度惡劣，造成關係糾紛從而產生的危機，如運輸企業牽涉惡性交通事故、餐飲企業發生食物中毒、商業企業出售假冒偽劣商品、旅店發生顧客財物丟失等等。

三、危機管理的一般原則

1. 事先預測原則

凡事預則立，不預則廢。因此，企業應該樹立未雨綢繆的意識，及早發現危機的端倪，防患於未然。

危機應對的事先預測原則首先體現在組織必須對可能發生危機的各個領域和環節做出事先預測和分析，制定全面、可行的危機預案和計劃。將危機消滅在產生前，是危機管理的最高境界。危機應對的事先預測原則其次體現在危機事件發展初期決策者對態勢的把握。在危機發展初期，組織決策者必須能夠準確判斷危機發展態勢、影響程度和社會公眾的反應，從而將危機控制在萌芽期，避免危機的進一步擴大。這是危機管理的次一層境界。

2. 迅速反應原則

從危機事件本身特點來看，其爆發的突發性和極強的擴散性決定了危機應對必須要迅速、果斷。危機的發展具有週期性，其過程通常可劃分為醞釀期、爆發期、擴散期和消退期。與之相對應，危機的破壞性往往隨著時間的推移而呈非線性爆炸式增長。因此，越早發現危機並迅速反應、控制事態，越有利於危機的妥善解決和降低各方利益損失。

危機管理的迅速反應原則覆蓋兩個方面：首先，組織內部對於危機事件必須保持高度警覺，早發現、早通報，便於高層儘快瞭解掌握真相、做出決策。絕對不可推諉扯皮，貽誤戰機。其次，在對外溝通方面，速度第一原則非常重要，及早向外界發佈信息既體現出組織對危機事件的快速反應姿態，又可以平息因信息不透明而產生的謠言，贏得公眾信任。同時，在危機發生後的第一時間與利益相關者進行溝通公關，爭取良好的外部環境，分解組織的外部壓力，有利於危機的妥善解決。

3.實事求是原則

任何組織在處理危機過程中，都必須堅持實事求是的原則，這是妥善解決危機的最根本原則。犯了錯誤並不可怕，可怕的是不敢承認錯誤。從危機公關的角度來說，只有堅持實事求是，不迴避問題，勇於承擔責任，向公眾表現出充分的坦誠，才能獲得公眾的同情、理解、信任和支持。對於處在危機風波中的企業來說，最大的致命傷便是失信於民，一旦媒體和公眾得知企業在撒謊，新的危機又會馬上產生。世上沒有不透風的牆，違背實事求是原則弄虛作假、封鎖消息、愚弄公眾，往往會產生一系列連鎖反應，進一步加重危機的負面作用，以至給組織造成不可挽回的損失。

4.承擔責任原則

是否遵循危機管理中的承擔責任原則，實質上是考驗陷於危機中的企業對於組織利益選擇的不同態度。

危機發生後，公眾關注的焦點往往集中在兩個方面：一方面是利益問題，另一方面則是感情問題。無疑，利益問題是公眾關注的焦點。危機事件往往會造成組織利益和公眾利益的衝突激化，從危機管理的角度來看，無論誰是誰非，組織都應該主動承擔責任。

目光短淺的企業，為了保護自身，獲取短期利益，在危機管理中往往將公眾利益和社會責任束之高閣，最終卻為之付出了巨大代價。而具有強烈責任感的企業，寧願犧牲自身短暫利益換來良好的社會聲譽，樹立且不斷提升組織和品牌形象，從而實現企業發展的基業常青。

5.坦誠溝通原則

危機管理中的坦誠溝通原則是指處於危機中的企業組織要高度重視且做好信息的傳遞發佈工作，並在組織內外部進行積極、坦誠、有效的溝通公關，充分體現出組織在危機應對中的社會責任感，從而為妥善處理危機創造良好的氣氛和環境，達到維護和重樹企業形象的目標。

危機處理中，組織遵循坦誠溝通原則，及時向公眾發佈信息的意義在於：保障社會公眾的知情權，體現組織的社會責任感，為危機應對創造良好的外部環境，維護和樹立組織的良好形象。危機溝通包含兩個方面：一是危機事件中組織內部的溝通問題，二是組織與社會公眾和利益相關者之間的溝通公關。概括來說，企業組織危機溝通的覆蓋範圍主要有企業內部管理層和員工、直接消費者及客戶、產業鏈上下游利益相關者、政府權威部門和行業組織、新聞媒體和社會公眾五類群體。

可以說，組織內外部的信息傳遞和溝通效果是妥善處理危機的核心問題。事實上，陷於危機事件中的管理者往往都將大部份時間和精力用於組織內外部溝通上，但最終的結果卻可能大相徑庭，其原因便在於企業能否真正遵循坦誠溝通原則進行及時、坦率、有效的溝通公關。

6.靈活變通原則

企業危機管理和危機公關，既是關係到組織生存與發展的嚴肅話題，又給管理者們提供了一個管理智慧和創新才能發揮的廣闊空間。事實上，危機事件爆發前的預防、危機事件發生後的應對和危機後期處理環節，都既要遵循一些危機管理的基本程序和規則，又無絕對統一的模式可以照搬。

山重水複疑無路，柳暗花明又一村。危機管理高手們往往能結合事態的發展變化，組織自身優劣勢、內外部資源條件等對危機事件進行靈活處理和應對，不僅力挽狂瀾成功跨越危機，甚至還能將危機事件轉變成提升企業形象的契機。譬如，危機發生後一段時間內，媒體和公眾的目光被危機事件高度吸引。這對企業組織來說其實是一種不可多得的外部傳播資源，企業應抓住合適時機轉移公眾的目光，或者借題發揮，找準新聞點製造出另外一個公關事件，迅速提升組織和品牌形象。又如，處於危機中的企業和社會公眾往往會產生一定的利益衝突，組織本身發出的信息和解釋比較難被公眾直接接受，說服力不足。這時如能夠靈活變通，曲線救國，向知名專家學者或者權威機構核對驗證，通過第三方傳遞出信息，往往會起到降低社會公眾警戒心理，重獲信任的效果。

綜上所述，企業在生產經營中面臨著各種危機，無論那種危機發生，都有可能給企業帶來致命的打擊。當危機到來時，企業遵循以上 6 個原則，就能夠化危機為轉機，迎來更高的聲譽，贏得更多客戶的信賴。

第二節　進行危機管理的策略

當今的市場競爭日趨激烈，危機無時不在覬覦著企業，威脅著企業的生存，一些看上去非常強大的企業，特別是新興企業在遭遇一兩個似乎很小的危機後便如「多米諾骨牌」一樣垮下去，並且是「一洩千里」，不可收拾。

人們不會忘記比利時、法國的消費者在飲用可口可樂後出現食物中毒症狀後，在歐洲引起的心理恐慌，隨即比利時、法國、荷蘭、盧森堡政府宣佈禁售可口可樂。短短的 10 天可口可樂股票直線下跌，銷售額損失數千萬。更為嚴重的後果是破壞了可口可樂的品牌形象和公司信譽。

大多數企業危機起初多源於一些不起眼的顧客投訴。因此企業能否從投訴中發現危機的陰影，並有一整套完整的危機管理機制及時應對，將關係到一個企業的盛衰存亡。成功的危機管理的策略：

1. 未雨綢繆，做好預防工作和危機應急方案

建立良好的投訴管理體系，對每一個投訴都認真對待並徹底解決是最好的預計方法。英國航空公司有一組「安撫組」，專門負責處理客戶的不滿，並會在 3 天內做出回應。這套機構讓英航清楚知道那個環節最易出問題，進而提出應對措施。

制定一個危機管理計劃是必要的。只有想到，才能做到，這樣也許會避免最壞的結果出現。而這種計劃能否順利並有條不紊地實施，需要事先把計劃寫成文字材料，並反覆地練習，使之程序化。為確保處理危機時有一批訓練有素的專業人員，平時應對他們進行專門培訓。

平時在企業建立良好的外部溝通機制，與外界新聞媒介保持良好關係和經常聯繫，並不斷更新有關危機的權威性消息，這樣可使企業有機會在第一時間獲得危機的訊息，並及時採取行動。

2. 統一口徑，一致對外

在危機發生後，指定一個獨家發言人，讓企業只有一種聲音對外。這樣，可避免因多種聲音對外而說法不一。最好由公司人員擔當企業的獨家代言人，公關人員長期與媒體打交道，瞭解他們的需要，對事件的報導可以做到既公正、全面，又能最大限度地維護公司利益。對於第一線的工作人員要進行一些專業訓練、一定的授權，讓他們知道應該怎麼做。新加坡航空給每位執勤人員一本手冊，裏面羅列了發生班機誤點等事件應如何處理的指南。

3. 反應快捷，處理及時

危機具有危害性，甚至是災難性，如果不能及時控制，將可能「千里之堤，潰於蟻穴」，影響到企業的生存死亡。危機發生後，企業一方面應以最快速度派出得力人員調查事故起因，安撫受害者，盡力縮小事態範圍；另一方面應主動與政府部門和新聞媒介，尤其是與具有公正性和權威性的傳媒聯繫，說明事實真相，盡力取得政府機構和傳媒的支援和諒解。如果三株集團在「常德事件」發生時快速安撫受害人家屬，主動公佈事實真相，取得公眾諒解，恐怕也不會落到「脫毛鳳凰不如雞」的地步了。

4. 採取主動，告訴公眾事情的進展

社會各界包括媒體、公司股東、主管部門都等待來自公司的最新消息。所以，應經常透露一些對他們有價值的資訊，如公司正在和當局合作，調查正在進行中或正在做出某種選擇等等，特別是事件出現關鍵點和轉捩點時，更需要積極、細緻、週密地制定事件解決情況的披露時間、頻率、內容和方法。

有時候可以搶先公開報導事件，這樣既為公司樹立了坦率的形象，也給危機的狀況定下基調，以防他人的說法混淆視聽，使公司處於被動的地位。發言人只需陳述事件的過程，不應過多加以分析結論性意見和處理辦法，這樣既為代言人以後的發言留下空間，又不至於引來公衆、媒體的追問和調查。

5.以誠相待

面對社會輿論的批評，堅持「以誠相待」的信條，採取「淡化矛盾」、「虛心讓人」的策略。顧客利益受損之後，企業應以最大的主動性負起責任，而不可與顧客糾纏於責任的劃分，計較於雙方責任的大小，這樣只會加深雙方的矛盾和分歧，導致顧客和輿論的反感和抵制。

案例：「蚯蚓危機」中的速食餐館

1976 年秋天，亞特蘭大的某速食餐館突然發現他們的營業額迅速下降，生意一蹶不振。經調查，原來是有客戶投訴漢堡包裏有蚯蚓。儘管報紙上並沒有刊登，但謠言卻不脛而走。總經理特納發出指示，對付謠言的最好辦法是不予理睬，緊閉嘴巴，等謠言慢慢消失。

清淡的生意終於讓連鎖速食店的公關人員就謠言召開了記者招待會。會上公關人員斷然否定漢堡包中有蚯蚓，卻不得不承認餐館的生意不如以前。

記者招待會後，各種媒體爭相報導「根據公關代表證實，世界上最大的漢堡包連鎖店因為謠傳營業額下降」的新聞。「蚯蚓事件」一下子變成了輿論焦點。面對危機，正在度假的特納取消了度假，召開了第二次記者招待會。在會上，他對記者開玩笑地說：「漢堡包的肉餡 1 磅才 1.9 美元，而蚯蚓 1 磅要花 6 美元，我們才付不起這麼貴的添加料呢。」風趣機智的回答，讓記者們消除了疑惑，澄清輿論，謠言不攻而破。

本案例中特納的機智回答，對於消除謠言，澄清輿論十分有效。事實上，在現代社會，對於像這類大企業，如果發生了危機，想完全避開媒體和公眾的「關注」，幾乎是不可能的。

關鍵是危機發生之前要有週詳的預案，危機發生時要穩住腳步，按部就班，沉著應對。

第三節　危機管理媒介溝通的十大要點

危機期間與公衆的有效傳播溝通十分重要。一個公司時常會因其在危機期間所採用的成功傳播手段而受到人們的稱讚。同時，有效的傳播溝通工作還可以在控制危機方面發揮積極的作用。企業要善於利用媒介和其他外部組織合作。

1. 與新聞媒介保持密切的聯繫，爭取他們的諒解與合作，切忌與之對抗。要善於利用媒介與公衆進行傳播溝通，以此控制危機。

2. 在傳播與溝通工作中，要掌握對外報導的主動權，以企業為第一消息發佈源。如對外宣佈發生了什麼危機，公司正採取什麼補救措施等。

3. 高層主管應該授權對外新聞發佈機構或公關經理，並且讓他們始終能得到最新的資訊以及公司為了控制危機而正在採取的措施，新聞發佈機構要與企業的高層主管不斷溝通，並運用專業知識來判斷和決定那些資訊可以傳播給媒體，以及應該怎樣進行傳播。

4. 事故發生最初的幾個小時和幾天，是危機最難處理的時候，因為企業掌握的確切資訊太少。此時，應盡可能用公司的背景材料及其設施情況來填補新聞稿的空白，以顯示企業願意與外界進行合作和溝通，這樣做可以使企業迅速、有效的地成為權威的危機資訊源。

5. 如果有必要和允許的話，對外新聞發佈辦公室應實行 24 小時工作制，防止危機中因傳播失控所造成的真空。

6. 如果企業有不正當的行為，經確認後應儘快將其公佈於眾並採取積極的糾正措施。企業應該使自己成為危機資訊的權威管道，因為事實最終是要公佈於眾的。如果事實被別人所揭露，則將有損於企業的信譽。

7. 如果新聞報導與事實不符，應及時予以指出並要求更正。

8. 當人們問及發生什麼危機時，只有確切瞭解事故的真實原因後才能對外發佈消息。不要發佈不準確的消息。絕不要用猜測或不真實的資訊來填補消息的空白，這會損害自己，並可能會使公司被告上法庭。

9. 坦誠地對待公眾和媒介。危機一旦發生，往往成為新聞媒介及公眾關注的焦點，這時當事人的坦誠往往成為博得新聞界信任與支援的有效武器。

10. 確保企業在危機處理中，採取負責的行為，以增強社會對企業的信任。在處理危機的過程中自始至終要注意企業形象的維護。

第 13 章

客戶投訴案例剖析

顧客投訴會造成企業形象受損，企業要有效因應對策。

介紹各企業的處理案例作法，不只可消除抱怨，更可強化客戶滿意度。

第一節　連鎖業處理顧客投訴規範

消費者與連鎖企業接觸的唯一場所就是「門店」，門店的銷售現場就等於連鎖企業的全部，門店服務不好將使整個連鎖企業的形象受損，所以門店對於顧客投訴意見的處理是非常重要的。

一、顧客投訴意見的主要類型

顧客抱怨既是門店經營不良的直接反應，同時又是改善門店銷售服務十分重要的資訊來源之一。事實上，並非所有的顧客有了抱怨都會前往門店進行投訴，而是以「拒絕再次光臨」的方式來表達其不滿的情緒，甚至會影響所有的親朋好友來採取一致的對抗行動。反過來說，如果顧客是以投訴來表達其不滿的話，至少可以給門店有說明與改進的機會。通常，顧客的投訴意見主要包括對商品、服務、安全與環境等方面。

1. 對商品的投訴

總結起來，各種業態連鎖企業的顧客對商品的投訴意見主要集中在以下幾個方面：

⑴價格過高

例如：連鎖超市或連鎖便利店中銷售的商品大部份分為非獨家經營的食品和日用品，顧客對各家門店的價格易於作出比較，因此顧客對超市或便利店中銷售的商品價格敏感度高，顧客往往會因為商品的定價較商圈內其他競爭店的定價高而向門店提出意見，要求改進。

⑵商品質量差

商品質量問題往往成為顧客投訴意見最集中的反映，主要集中在以下幾個方面。

①壞品。如商品買回去之後，發現零配件不齊全或是商品有瑕疵。

②過保質期。顧客發現所購買的商品，或是貨架的待銷售商品有超過有效日期的情況。

③品質差。尤其是在連鎖超級市場、便利店裏出售的商品大都是包裝商品，商品品質如何，往往要打開包裝使用時才能判別或作出鑑定，例如包裝生鮮品不打開外包裝紙很難察覺其味道、顏色及質感的不新鮮；或者乾貨類的商品打開包裝袋才能發現內部發生變質、出現異物、長蟲，甚至有些在使用後發生腹瀉及食物中毒現象。因此，打開包裝或使用時發現商品品質不好，是顧客意見較集中的

方面。

④商品重量不足、包裝破損等。

⑶標示不符

在連鎖企業開架式銷售方式下，商品包裝標示不符往往成為顧客購物的障礙，因此也成為顧客意見投訴的對象。通常顧客對商品包裝標示的主要意見有以下幾個方面：

①商品上的價格標簽模糊看不清楚。

②商品上同時出現幾個不同的價格標簽。

③商品的價格標示與促銷廣告上所列示的價格不一致。

④商品外包裝上的說明不清楚，例如：無廠名、無製造日期、無具體用途說明或其他違反商標法、廣告法的情況。

⑤進口商品上無中文說明等。

⑥商品外包裝上中文標示的製造日期與商品上列印的製造日期不符。

⑷商品缺貨

顧客對企業連鎖門店商品缺貨的投訴，一般集中在熱銷商品和特價商品，或是門店內沒有銷售而顧客想要購買的商品，這往往導致顧客空手而歸。更有甚者，有些門店時常因為熱銷商品和特價商品賣完而來不及補貨，從而造成經常性的商品缺貨，致使顧客心懷疑慮，有被欺騙感，造成該顧客對該連鎖企業失去信心。這樣不僅流失了老顧客，而且損害了整個連鎖企業的形象。

2.對顧客的投訴

開架式銷售方式雖以顧客自助服務為主，但顧客還是有要求個別服務和協助的時候，顧客的投訴意見往往集中在這些方面：

⑴門店工作人員態度不佳

門店工作人員不理會顧客的詢問，或對顧客的詢問表示出不耐煩、出言不遜等。

⑵收銀作業不當

如收銀員的結算出錯、多收錢款、少找錢；包裝作業失當，導致商品損壞；入袋不完全，遺留顧客的商品；結算速度慢，收銀台開機少，造成顧客等候時間過長等。

⑶現有服務作業不當

如顧客寄放物品遺失；寄放物品存取發生差錯；自動寄包機收費；抽獎或贈品發放等促銷活動的不公平；顧客填寫門店發出的顧客意見表未得到任何回應；顧客的投訴意見未能得到及時妥善的解決等。

⑷服務項目不足

如門店不提供送貨、提貨換零錢的服務；營業時間短；缺少某些便民的免費服務；沒有洗手間或洗手間條件太差等。

⑸原有服務項目的取消

例如：百貨商店取消兒童託管站；取消超級市場 DM 廣告中特價商品的銷售等。

3.對安全和環境的投訴

⑴意外事件的發生

顧客在賣場購物時，因為門店在安全管理上的不當，造成顧客受到意外傷害而引起顧客投訴。

⑵環境的影響

例如：賣場走道內的包裝箱和垃圾沒有及時清理，影響商品品質衛生，商品卸貨時影響行人的交通，門店內溫度不適宜、門店外的公共衛生狀態不佳、門店建築及設施影響週圍住戶的正常生活等。

二、顧客意見的投訴方式

為了讓連鎖企業的工作人員能以公正且一致性的態度對待所有顧客的投訴，也為了提高顧客投訴意見的處理效率，連鎖企業的經營者必須根據本身的企業規模、營業性質、顧客投訴的方式與類型，歸納出處理投訴時的基本原則與基本方式，並據以編製成手冊，還可以作為日後連鎖企業教育訓練的教材。

通常顧客投訴的方式不外乎電話投訴、信函投訴，或者是直接到門店內或連鎖企業總部進行當面投訴這三種方式。根據顧客投訴方式的不同，可以分別採取相應的行動。

1. 電話投訴的處理方式

⑴有效傾聽

仔細傾聽顧客抱怨，站在顧客的立場分析問題的所在，同時可以利用溫柔的聲音及耐心的話語來表示對顧客不滿情緒的支援。

⑵掌握情況

儘量從電話中瞭解顧客所投訴事件的基本資訊。其內容主要包括：什麼人來電投訴、該投訴事件發生在什麼時候、在什麼地方、投訴的主要內容是什麼、其結果如何。

⑶存檔

如有可能，可把顧客投訴電話的內容予以錄音存檔，尤其是顧客投訴情況較特殊或涉及糾紛的投訴事件。存檔的錄音帶一方面可以成為日後連鎖企業門店教育訓練的生動教材。

2. 書信投訴的處理方式

⑴轉送店長

門店收到顧客的投訴信時，應立即轉送店長，並由店長決定該投訴今後的處理事宜。

⑵告之顧客

門店應立即聯絡顧客通知其以收到信函，以表示出門店對該投訴意見極其誠懇的態度和認真解決該問題的意願。同時與顧客保持日後的溝通和聯繫。

3.當面投訴的處理方式

對於顧客當面投訴的處理，應注意以下幾個方面：

⑴將投訴的顧客請至會客室或開店賣場的辦公室，以免影響其他顧客的購物。

⑵千萬不可在處理投訴過程中離席，讓顧客在會客室等候。

⑶嚴格按總部規定的「投訴意見處理步驟」，妥善處理顧客的各項投訴。

⑷各種投訴都需填寫「顧客抱怨記錄表」。對於表內的各項記載，尤其是顧客的姓名、住址、聯繫電話以及投訴的主要內容必須覆述一次，並請對方確認。

⑸如有必要，應親赴顧客住處訪問、道歉、解決問題，體現出門店解決問題的誠意。

⑹所有的抱怨處理都要制定結束的期限。

⑺與顧客面對面處理投訴時，必須掌握機會適時結束，以免因拖延時間過長，既無法得到解決的方案，也浪費了雙方的時間。

⑻顧客投訴意見一旦處理完畢，必須立即以書面的方式及時通知投訴人，並確定每一個投訴內容均得到解決及答覆。

⑼由消費者協會轉移的投訴事件，在處理結束之後必須與該協會聯繫，以便讓對方知曉整個事件的處理過程。

⑽對於有違法行為的投訴事件，如寄放櫃台的物品遺失等，應與當地的派出所聯繫。

⑾謹慎使用各項應對措詞，避免導致顧客的再次不滿。

⑿注意記住每一位提出投訴的顧客，當該顧客再次來店時，應以熱誠的態度主動向對方打招呼。

三、建立顧客投訴意見處理系統

對連鎖企業來說，雖然顧客投訴的意見大多發生在部屬的各個門店，但為了防止由於一個門店的處理不當而涉及連鎖企業全系統門店，建立顧客投訴意見處理系統是十分重要的。連鎖企業應當把顧客投訴意見處理系統納入整個企業的服務系統中，既要有統一的處理規範，又要培育服務人員有關主管人員的處理技巧。

1. 顧客投訴意見處理系統的規範

顧客投訴意見處理系統具有兩大功能：一是投訴意見的執行功能：二是投訴意見的管理功能。

連鎖企業應該對顧客投訴意見處理系統進行系統的規範，主要應做好以下幾個方面的工作：

⑴建立受理顧客投訴意見的通道。如投訴電話、投訴櫃、意見箱等等。

⑵制定顧客各類投訴的處理準則。

⑶明確各類人員處理顧客投訴意見的許可權及變通範圍。

⑷必須將投訴事件進行檔案化管理，並由專人負責管理、歸納、分析和評估。

⑸經常通過教育與訓練，不斷提高門店服務人員處理顧客投訴意見的能力。

⑹對所有顧客投訴事件要及時通報，並對有關責任人員進行相應的處理。

2.顧客投訴意見處理系統的權責處理層次劃分

連鎖企業對顧客投訴意見處理系統進行系統的規劃後，就必須根據該系統的每一項功能來劃分投訴意見處理的權責層次，以及每一層次所應有的處理許可權。就一般連鎖企業的組織形態而言，可將顧客投訴意見處理系統的權責處理分為三個層次。

第二節　藥品公司的危機處理方式

1982年9月29日和30日，在芝加哥地區發生了有人因服用美國強生公司生產的含氰化物「泰萊諾爾」藥片而中毒死亡的事故。起先，僅3人因服用該藥片而中毒死亡。可隨著各種消息的擴散，據稱美國各地有250人因服用該藥而得病和死亡，其影響迅速擴散到全美各地，調查顯示有94%的消費者知道泰諾中毒事件。這對強生公司來說，危機真正來臨了。

危機事件發生後，由首席執行官吉姆•伯克為首的七人危機管理委員會，果斷地砍出了「五個措施」，這五板斧環環相扣，招招命中要害。

第一措施：抽調大批人馬立即對所有藥片進行檢驗。經過公司各部門的聯合調查，在全部800萬片劑的檢驗中，發現所有受污染的藥片只源於一批藥，總計不超過75片，並且全部在芝加哥地區，不會對全美其他地區有絲毫影響，而最終的死亡人數也確定為7人，並非像消息所傳的250人。

第二措施：雖然受污染的藥品只有極少數，但強生公司仍然按照公司最高危機原則，即「在遇到危機時，公司應首先考慮公衆和消費者利益」。強生公司立即收回全部價值近1億美元的「泰諾」止痛膠囊。並投入50萬美元利用各種管道和媒體通知醫院、診所、藥店、醫生停止銷售此藥。

第三措施：以真誠和開放的態度與新聞媒介溝通，迅速傳播各種真實消息，無論是對企業有利的消息，還是不利的消息，他們都毫不隱瞞。

第四措施：積極配合美國醫藥管理局的調查，在五天時間內對全國收回的膠囊進行抽檢，並立即向公衆公佈檢查結果。

第五措施：為「泰諾」止痛藥設計防污染的新式包裝，以美國政府發佈新的藥品包裝規定為契機，重返市場。

1982年11月11日，強生公司舉行大規模的新聞發佈會。會議由公司董事長伯克先生親自主持。在此次會議上，他首先感謝新聞界公正地對待「泰諾」事件，然後介紹該公司事先實施「藥品安全包裝新規定」，推出「泰諾」止痛膠囊防污染新包裝，並現場播放了新包裝藥品生產過程錄影。美國各電視網、地方電視台、電台和報刊就「泰諾」膠囊重返市場的消息進行了廣泛報導，公衆也給予了積極的回應。

事後查明，在中毒事件中回收的800萬粒膠囊，只有75粒受氰化物的污染，而且是人為破壞。公司雖然為回收付出了一億美元的代價，但其毅然回收的決策表明了強生公司在堅守自己的信條：「公衆和顧客的利益第一」。這一決策受到輿論的廣泛讚揚，其中《華爾街週刊》曾評論說：「強生公司為了不使任何人再遇危險，寧可自己承擔巨大的損失。」

正是由於強生公司在「泰諾」事件發生後採取了一系列有條不紊的危機公關，從而贏得了公衆和輿論的支援與理解。在一年的時間內，「泰諾」止痛藥又重振山河，佔據了市場的領先地位，再次贏得了公眾的信任，樹立了強生公司為社會和公眾負責的企業形象。

由於其出色的危機管理，強生公司獲得了美國公關協會授予的最高獎。

在美國企業發展史上，還沒有一家企業在危機處理問題上像美國強生制藥公司那樣獲得社會公眾和輿論的廣泛同情，該公司由於妥善處理「泰萊諾爾」中毒事件以及成功的善後工作而受到人們的稱讚。對藥品的全部回收是一個深謀遠慮的營銷決策。當今盛行的市場營銷做法，是把利潤與消費者的利益聯繫在一起，而不是過去的把利潤僅看成是銷售的結果。不幸的是，大多數公司仍將銷售和獲取利潤的活動作為營銷戰略，雀巢「奶粉」危機事件的失敗可以說是最經典的例證。

心得欄 --

第三節　客戶投訴實例剖析

◎案例 1　要給客戶留有希望

1. 案例介紹

在工廠工作的李小姐，經過幾個月的省吃儉用，花了 12000 多元，買了一款自己心愛的手機。

有一天，李小姐在行走中不小心摔倒，手機也因此掉到旁邊的水溝裏。李小姐趕緊把手機從溝中撈起，用布擦，用電風扇吹，但手機始終無法開機。李小姐心疼至極，不知如何是好。

李小姐病急亂投醫，跑到街面手機小維修店要求維修，但對方要價很高，至少需要 900 元維修費，還不包括手機配件費。李小姐捨不得花高額的維修費，後經同事指點，致電該手機服務中心。

由於擔心維修費過高，不敢承認手機進過水，希望通過抱怨投訴得到免費維修，所以總是抱怨手機品質不好，感覺手機很潮濕，但又說不清手機故障的原因。

服務人員感覺到可能是個人原因所致，極力勸說她拿到維修中心維修，並承諾不換配件不收費，如果配件不是人為損壞，即使換配件也不會額外收費，只收取相應的成本費。

經過該服務中心專業維修人員檢查，並拆機烘乾，沒有更換新配件，手機完好如初，而且沒有收取李小姐任何服務費用。李小姐開心之至，逢人便誇獎服務人員的好處。

2.案例點評

面對客戶投訴與抱怨，首先要有積極的心態準備，掌握相應的處理原則和良好的處理技巧，才能提高處理成效，有效解決客戶問題。在客戶投訴與抱怨事件中，瞭解清楚客戶的問題與原因是關鍵所在，但更為重要的是要關注客戶情緒，特別是客戶情緒不好的時候，更要設法安撫或平穩客戶情緒，要讓客戶在服務過程中有好的感受。

留給客戶希望，是客戶投訴與抱怨處理中的關鍵原則和有效技巧。留給客戶希望，就是避免客戶因「絕望」而產生憤怒或不理智行為，有利於更好地解決客戶問題。

服務人員在追問中，明顯感覺到是李小姐自身原因造成的問題，也清楚李小姐擔心維修費用過高。因此，服務人員沒有強調李小姐的個人責任，而是極力勸說李小姐到維修中心維修，並給李小姐留有相當大的希望，承諾不會額外收費，只收取成本費。從而獲得李小姐配合，促進了服務問題的有效解決。

◎案例 2　先安撫情緒後，再解決客戶問題

1.案例介紹

某冷氣機服務中心，來了一位中年家庭婦女，怒氣衝衝追問總台的服務人員，冷氣機安裝的陳師傅那裏去啦。服務台小姐忙問有什麼事情可以幫助忙。該客戶說，早上安裝的冷氣機品質太差，要求退貨。

面對怒氣衝衝的客戶，服務小姐沒有急於詢問是什麼原因，而是把該客戶請到接待室，端來一杯茶水先安慰對方不要著急，有什麼問題一定會得到解決，決不會不負責任等等。

面對微笑著的禮貌的服務人員，該客戶不好再怒氣淩人。原來早上剛剛安裝的冷氣機，中午剛開機不久就停止運轉，無論怎麼遙控，也無法啟動，看來冷氣機品質不好，要求退貨。

面對客戶要求，服務台小姐沒有強辯，而是與客戶商量，先派師傅隨其前往，檢查一下冷氣機，如果確實是冷氣機品質問題，保證給予調換新的冷氣機或者退貨。

於是，冷氣機師傅立即前往該客戶家，經過檢查發現是冷氣機專用的電源開關保險絲容量過小，導致超過負載而熔斷。冷氣機師傅重新換上大號的保險絲後，冷氣機運轉正常。

面對良好服務，客戶頓感自身行為的不妥，不僅向冷氣機師傅致謝，還特意打電話到服務中心表示歉意。

2.案例點評

客戶在投訴或抱怨的時候，除了有需要解決或服務的問題外，往往都帶有一定的情緒或不良態度，這種不良的情緒或態度需要服務人員及時予以安撫和平息。否則，很難促進服務問題的有效解決，甚至出現難以處理的局面。

先安撫客戶情緒後解決客戶問題，這是客戶投訴和抱怨中必須遵守的黃金準則。

當客戶情緒不好或怒氣衝衝的時候，一般只想鬥氣或發洩，任何中肯意見或良好的服務方案都會招致客戶的爭執或反對，甚至提高服務期望，更不用說獲得客戶對服務的良好感受了。

該案例中的吳小姐，深知先安撫客戶情緒後解決客戶問題的重要性，面對陶女士的怒氣，沒有計較，善於理解與寬容，一切都在禮貌、微笑、溫和之中得以化解。更可貴的是，吳小姐懂得從姚女士的利益與擔心點出發，及時承諾企業應有的服務責任和服務保證，讓對方放心，並提出符合客戶利益和願望的針對性服務方案。

這是本案例成功服務的關鍵。

◎案例 3　要讓客戶知道你用心處理

1. 案例介紹

機器配件公司的銷售部李經理，在出差途中接到客戶電話，新進一批配件產品有品質問題，剛換配件的機器還不到 24 小時就因配件問題造成停機，再換上新配件還是如此，要求全部退貨，並賠償所造成的損失，等等。

李經理接到投訴立即將情況電告公司，並急忙趕往客戶處，經過查看有可能是配件問題，也可能是客戶進的其他配件有品質問題。由於缺乏相應檢驗設備和檢驗手段，很難斷定是自己產品的品質問題。李經理沒有因此跟客戶方爭執責任，而是表示儘量協助處理，要求公司給予一定的補償支持。

李經理立即趕回公司，與公司有關部門及主管商量解決方案，第二天一早同技術服務人員又趕到客戶處。一見面沒有急於拋出解決方案，而是表示自己往返上百千米找到主管，但主管依先例，不肯給予損失補償。沒辦法，又連夜趕到總經理家，經多次請求，總經理終於答應給予一些補償，將原配件掉回，免費送一套配件，並派技術人員給予現場支持。

客戶不是很贊成該處理方案，但看到李經理疲憊的神態，有感其短時間內兩次到廠的辛苦，而且還帶技術人員前來，覺得李經理已經盡了最大努力，也幫了很大忙，不忍心繼續再為難李經理。於是，棘手的投訴賠償案就在和氣中得以順利解決。

2. 案例點評

面對客戶投訴或抱怨事件，要持有積極受理服務的態度，不要消極抵抗或推卸。要讓客戶知道你在幫助他，而且非常用心，目的在於讓客戶配合你，並有更好的心理感受。

因此，受理服務過程中要遵守相應的流程規定，抓好重要的服務環節，實施閉環服務，關注、關心客戶，爭取客戶的理解和配合。

受理投訴要以幫助者的角色出現在客戶眼裏，就應該讓客戶知道你幫助做了那些事情，盡了什麼力量，花了多少心血。

當客戶知道你很用心來解決問題，即使解決方案不是很理想，也會看在你努力幫助的份上而勉強接受。本案例中李經理深知此法的作用，使相當棘手的投訴案得以順利解決。

如果李經理事先沒有把趕時間處理作為基礎，沒有鋪墊和強調自己努力的過程，而是直接拋出解決的方案，那怕出臺的方案再好，也可能會被客戶討價還價一番，不僅僅損失補償要加重，甚至會失去客戶，在行業內造成極壞影響，其後果不堪設想。

所以，「先人情後事情」的做法，在客戶投訴處理中也是需要遵守的重要原則。

◎案例 4　把握不同客戶的解決要點

1. 案例介紹

某 IT 智慧系統產品企業為了更好地服務客戶，以及出於考核和管理服務成效的需要，採取人員分片包乾定點服務的方式。要求技術服務人員認真做好現場設備維護工作，確保系統安全正常運行，不影響客戶單位工作需要。同時，要搞好客戶單位人際關係，承擔相應的客戶關係維護責任，及時處理相應投訴事件，獲得較高的客戶滿意度等。張先生是該企業產品服務中心的維護工程師。雖然入行時間不長，在同部門人員中其維護技術水準也屬於一般。該公司在每年一度的客戶維護滿意度調查中，張先生的客戶滿意度值高達100%，也從沒有客戶對他的服務進行過投訴，的確出乎意料，令人大吃一驚。

張先生維護技術不好，有時候碰到問題免不了要反復維護，甚至可能延遲客戶一點時間，但客戶單位人員從來沒有因此責怪或投訴他。原來張先生特別注重客戶單位的人際關係維護，能夠根據客戶單位不同人員的個性實施針對性交往。尤其是碰到客戶投訴時，他都能及時前往解決，認真傾聽客戶問題。在受理解決過程中，也按照客戶人員的風格特點設法讓客戶有好的感受，儘量按客戶要求努力解決問題，即使不屬於維護項目張先生也給予幫助，每次維護完都會把現場衛生打掃好，也會打電話及時跟蹤設備維護後情況，等等。

2.案例點評

客戶有不同的個性特點，在受理服務中也要根據客戶個性特點實施針對性的服務。

受理服務人員要善於瞭解不同客戶的個性特點，準確判斷客戶類型，要把握其投訴或抱怨的特點，懂得在服務中因個性不同實施相應的服務技巧，要讓客戶有好的感受。服務人員不能偏好自己個性擅長的服務方式及技巧，否則，將會導致客戶問題即使解決了但客戶內心感受依然不佳，從而仍然對服務產生不滿的現象。

在客戶服務、投訴或抱怨處理中，不僅要解決客戶問題，還需要讓客戶有好的心理感受。

張先生的成功之處就在於關注客戶對服務的感受，能夠針對不同的客戶實施不同交往方法，採用不同的服務技巧。同時，在日常接觸中，善於幫助客戶，留給客戶較好印象，懂得如何去建立良好的客情關係。這些都是日常良好服務的基礎。

◎案例 5　策略性化解投訴異議

1. 案例介紹

蕭先生新購買了一部名牌手機，自使用以來通話品質一直不好，於是懷疑其網路信號不好，或者電話卡不良，打電話向其服務中心投訴。

服務中心受理人員仔細詢問蕭先生經常使用手機的場所，以及話機品質問題等情況，但蕭先生內心認為品牌手機不會有品質問題，於是否認話機不好，一再強調說網路信號不好，服務人員答應查完後再回復。

隔日，服務人員致電客戶，經該地區網路檢測設備所檢測的數據表明，該地區網路品質很好，不會影響手機的通話品質。於是又詢問客戶經常使用手機的場所，是否有高大建築物，或有不利通話的隔音帶，但認為都不會影響手機使用效果。服務人員極力建議蕭先生，將卡送回檢測中心檢測。

蕭先生將卡送到檢測中心，經過檢測手機卡也沒有問題。服務小姐又給予建議，請他將手機送到維修中心，借助電信運營部門與手機廠商的良好關係，可以迅速得到最好的服務。由於服務人員的精心安排，蕭先生手機送到廠商服務中心，立即受到熱情服務。經檢查是手機品質問題，該廠商即給予調換一部新手機。

這樣處理大出蕭先生意料之外，的確令蕭先生高興，高興之餘也沒忘了特意感謝服務小姐一番。

2. 案例點評

客戶投訴處理，不僅要解決客戶問題，還要重視客戶情緒的安撫，並且要化解好客戶對相關問題的異議。

面對客戶異議，客戶人員要善於瞭解客戶異議的動機，尊重客戶，不能直接反對客戶意見；要遵守客戶異議化解的基本原則，熟練運用客戶異議化解的策略性技巧。

面對客戶異議，要有積極化解的主動精神，要善於應對客戶，有效解決客戶問題，提供超值服務。

客戶異議化解，首先要瞭解客戶異議的真實原因。該案例服務人員能夠從客戶簡單的異議問題中，詢查客戶的真實動機，不斷解決問題，也從客戶不斷呈現的問題中，發現服務需求，並且能夠根據客戶的情況和服務需要，實施跟蹤服務，還為客戶提供服務項目外的超值服務，真正體現出為客戶著想的服務精神。

在客戶異議排解中，要做個有心人，善於發現客戶異議中真實的服務問題，為客戶排憂解難，真正解決客戶問題，改善客戶對服務過程的感受，做到用心服務、用情服務。

◎案例 6　抓住顧客的心

1. 案例介紹

我是一個上班族，上班時如果覺得喉嚨幹，我都會吃一些糖果。而且，我通常在公司購買。大約兩個禮拜以前，我在吃桃子口味的糖果(一袋 20 個，共 100 元)時發現，其中有一個已經碎成粉末狀了。

我立刻將商品寄給那家製造商。大概一星期後，他們就送來道歉信及郵票(我將商品寄去的郵資)，並且通知我他們已經將這批次品的庫存銷毀了，信中還附了兩包新的糖果。

他們還解釋事情發生的原因，就在於他們的生產過程及流通過程中出現疏忽。

2.案例點評

對自己微不足道的事若能獲得別人的重視，通常會讓人很感動。

有一句話說，「人類會因一件小事而高興，也會為一件小事而悲傷」，所以，面對顧客即使是一件小事也要特別注意。

至於「隨信附上郵資」這點，有人可能會認為「不須做這種無聊的小事」，但這卻是一種無微不至的細心表現。

就好像有人向別人借用電話後會留下的錢，有些人卻像是少了一根神經似的不以為意，然而，即使這樣的小事，也足以左右人家對你的評論。

處理方法是快速的處理以及補償郵資。一個禮拜內寄出道歉信函，郵資也一起附在信封中，說明事情發生的原因。寄去替代品。

心得欄 --

第 14 章

客戶抱怨的管理辦法

制度是要求大家共同遵守的辦事規程或行為準則，表格在管理工作中能很好地發揮它的作用，它能很清晰簡明地表達所需要表達的東西。

第一節　客戶抱怨的管理制度

一、總則

第 1 條　目的。

為及時、高效地處理好客戶投訴案件，維護公司形象與信譽，促進公司品質改善與售後服務升級，特制定本制度。

第 2 條　管理範圍。

包括客戶投訴表單編號原則、客戶投訴的調查處理、追蹤改善、成品退貨、處理期限，核決權限及處理逾期反映等項目。

第 3 條　適用時機。

凡本公司產品遇客戶反映品質異常的投訴時，依本制度的規定辦理。

第 4 條　投訴分類。

⑴一般性投訴。這種投訴是客戶對產品品質的不滿，要求返工、更換或退貨，在處理後不需要給予客戶賠償。

⑵索賠性投訴。客戶除要求對不良品加以處理外，並依契約規定要求企業賠償其損失。對於此種投訴，宜慎重處理且儘快地查明原因。

⑶非正當理由投訴。客戶刻意找種種理由，投訴產品品質不良，要求賠償或減價。此種投訴不屬企業責任，但仍要謹慎處理，以免引起不必要的損失。

第 5 條　投訴原因分類。

⑴非品質異常投訴發生原因（指人為因素造成）。

⑵品質異常投訴發生原因。

二、管理職責

第 6 條　客戶服務部門。

⑴詳細檢查投訴產品的訂單編號、數量、交運日期。

⑵瞭解投訴要求及確認投訴理由。

⑶協助客戶解決疑難或提供必要的參考資料。

⑷投訴案件的登記、處理時效管理及逾期反映。

⑸投訴內容的審核、調查、上報。

⑹處理方式的擬訂及責任歸屬的判定。

⑺改善投訴方案的提出、執行成果的督促及效果確認。

⑻協助有關部門進行投訴的調查及妥善處理。

⑼投訴處理中提出投訴反映的意見，並上報有關部門進行追蹤改善。

⑽迅速傳達處理結果。

⑾定期進行投訴回訪。

第7條　品質管理部。

⑴進行投訴案件的調查、上報以及責任人員的擬訂。

⑵發生原因及處理、改善對策的檢查、執行、督促。

⑶投訴品質的檢驗確認。

第8條　其他部門。

⑴根據顧客投訴認定，處理本部門責任範圍內事務。

⑵根據顧客要求，及時改善本部門工作。

三、客戶投訴處理程序

第9條　客戶投訴首先由客戶投訴專員受理，詳細填寫《客戶投訴登記表》，並由客戶進行確認簽字，根據其投訴內容確定投訴是否受理。

第10條　投訴受理後，必須明確告知其處理等待時間；如果不予受理，則需向顧客詳細解釋不予受理的理由。

第11條　由於客戶投訴只根據客戶反映情況及異樣品狀況確認責任部門，若客戶要求退(換)貨，應於「客戶要求」欄註明「客戶要求退(換)貨」。

第12條　為及時瞭解客戶反映的異常內容及處理情況，由品質管理部或有關人員於調查處理後一天內提出報告，上報總經理批示。

第13條　客戶投訴專員收到總經理辦公室送回的《客戶投訴處理表》時，應立即向客戶說明、交涉，並將處理結果填入表中，經主管核閱後送回總經理辦公室。

第 14 條 總經理辦公室接到客戶投訴部門填具交涉結果的《客戶投訴處理表》後，應於一日內就業務與工廠的意見加以分析做成綜合意見，依據核決權限分送客服部經理、副總經理或總經理核決。

第 15 條 判定發生單位。若屬我方品質問題應另擬訂處理方式，對改善方法是否需列入追蹤(人為疏忽免列案追蹤)做明確的判定，並依《顧客投訴處理制度》辦理。

第 16 條 經核簽結案的《客戶投訴處理表》第一聯由品質管理部留存，第二聯由製造部門留存，第三聯送客戶投訴部門依批示辦理，第四聯送財務部留存，第五聯送總經理辦公室留存。

第 17 條 《客戶投訴處理表》會決後的結論，若客戶未能接受，客戶投訴部應再填一份新的《客戶投訴處理表》附原投訴表一併呈報處理。

第 18 條 總經理辦公室每月 10 日前匯總上月份結案的案件於《顧客投訴案件統計表》中，會同製造部、品質管理部、研發部及有關部門主管判定責任歸屬確認及比率，並檢查各投訴項目進行檢查改善的對策及處理結果。

第 19 條 客戶投訴部不得超越核決權限與客戶做任何處理的答覆協議或承諾。對《客戶投訴處理表》的批示事項據以書信或電話轉答客戶(不得將《客戶投訴處理表》影印送給客戶)。

第 20 條 各部門對顧客投訴處理決議有異議時得以「簽呈」項目呈報處理。

第 21 條 顧客投訴內容若涉及其他公司，如原物料供應商等的責任時，由總經理辦公室會同有關單位共同處理。

第 22 條 顧客投訴不成立時，投訴專員在接到《客戶投訴處理表》時，在規定收款期收回應收賬款；如客戶有異議時，再呈報上級進行處理。

四、客戶投訴處罰方式

第 23 條　客戶投訴處罰責任歸屬。

⑴凡發生客戶投訴案件，經責任歸屬後，對責任部門或個人處以行政處分；對退回的產品，給予一個月的轉售時間。

⑵如果售出，則以售價損失的金額，依責任歸屬分攤至個人或組。

⑶未售出時，以實際損失金額依責任歸屬分攤。

第 24 條　客戶投訴實際損失金額的責任分攤計算。

⑴由客戶投訴主管定期匯總結案，依發生原因歸屬責任。

⑵若系個人過失，則全數分攤該服務人員。

⑶若為兩個以上的共同過失(同一部門或跨越部門)，則依責任輕重分別判定責任比例，以分攤損失金額。

第 25 條　處分標準。

經判定後的個人責任負擔金額如下表所示。

表 14-1-1　個人責任負擔金額表

責任負擔金額	處分標準	備註
5000元以下	檢討書	
5000～10000元	警告一次	
10000～50000元	警告兩次	
50000～100000元	記小過一次	
100000～500000元	記小過兩次	
500000元以上	記大過一次	

五、成品退貨賬務處理

第 26 條 客戶投訴部於接到已結案的《客戶投訴處理表》第三聯後，依核決的處理方式處理。

⑴折讓、賠款。投訴專員應依《客戶投訴處理單》開立《銷貨折讓證明單》一式二聯，呈經(副)理、總(副)經理核簽及送客戶簽章後，一份存客戶服務部，一份送會計作賬。

⑵退貨處理。開立《成品退貨單》並註明退貨原因、處理方式及退回依據後，呈經(副)理批示。除第一聯自存外，其餘三聯送成品倉儲部據以辦理收貨。

第 27 條 財務部依據《客戶投訴處理表》第四聯中經批示核定的退貨量與《成品退貨單》的實退量核對無誤後，即開立傳票辦理轉賬；但若數量、金額不符時，依下列方式辦理。

⑴實退量小於核定量，或實退量大於核定量於一定比率(即以該客戶定制時註明的「超量允收比率」；若客戶未註明，依本公司規定)以內時，應依《成品退貨單》的實退數量開立傳票，辦理轉賬。

⑵成品倉儲部收到退貨，應依業務部送來的《成品退貨單》核對無誤後，予以簽收(如實際與成品退貨單所載不符時，請示後依實際情況簽收)。《成品退貨單》第二聯由成品倉儲部留存，第三聯由財務部留存，第四聯由業務部留存。

⑶因顧客投訴，而影響應收款項回收時，會計部在計算業務人應收賬款回收率的績效獎金時，應依據《客戶投訴處理表》所列料號的應收金額中予以扣除。

⑷投訴專員收到成品倉儲部填回的《成品退貨單》後，應通過下列 3 種方式取得退貨證明。

①收回原開立統一發票，要求買受人在發票上蓋統一發票章。

②收回註明退貨數量、單價、金額、實收數量、單價金額的原開立統一發票的影印本，且必須由買受人蓋統一發票章。

③填寫《銷貨退回證明單》，並由買受人蓋統一發票章後簽回。取得上述文件後，與《成品銷貨退回單》一併送會計部作賬。

⑸顧客投訴處理結果為銷貨折讓時，投訴專員依核決結果開立《銷貨折讓證明單》，並通過以下 3 種方式取得折讓證明。

①收回註明折讓單價、金額及實收單價的原開立統一發票的影印本，影印本上必須由買受人蓋統一發票章。

②填寫《銷貨折讓證明單》，並由買受人蓋統一發票章後簽回。

③取得上述文件之後，與《銷貨折讓證明單》一併送財務部作賬。

六、附則

第 28 條　對於逾期案件應開立《催辦單》催促有關部門處理。對於已結案的案件，應查核各部門的處理時效。對於處理時效逾期的案件，應開立《催辦單》送有關部門追查逾期原因。

第 29 條　本制度呈總經理核准後實施，修訂時亦同。

第 30 條　本制度自××××年××月××日起執行。

第二節　客戶抱怨的管理表格

一、客戶投訴登記表

表 14-2-1　客戶投訴登記表

受理編號		受理日期	
投訴客戶姓名		投訴類型	□商品　□服務　□其他
客戶地址		電　　話	
投訴緣由			
客戶要求			
投訴受理	□受　　理	承諾辦理期限	
	□不予受理	理　　由	
備　　註			

製表：　　　　　　　　　　　　　　　審核：

表 14-2-2　客戶投訴登記表

文件編號：　　　　　　　　　　　　　　序號：

客戶姓名		聯繫電話	
工作單位		聯繫地址	
所購商品		投訴類型	
投訴原因			
客戶投訴專員意見	記錄人：	記錄日期：	

二、客戶投訴調查表

表 14-2-3　客戶投訴調查表

投訴種類：　　　　　　　　　　　　填寫日期：

受理案件		發生原因	處理經過	建議	
編號	摘要			對策	工作改進

製表：　　　　　　　　　　　　審核：

三、客戶投訴統計表

表 14-2-4　客戶投訴統計表

投訴種類：

日期	編號	客戶名稱	商品名稱	購貨日期	投訴內容	責任部門	處理方式					損失(元)
							退貨	換貨	折扣	維修	其他	

製表：　　　　　　　　　　　　審核：

四、客戶投訴分析表

表 14-2-5　客戶投訴分析表

<table>
<tr><td>客戶名稱</td><td></td><td>受理日期</td><td></td></tr>
<tr><td>投訴種類</td><td></td><td>承諾期限</td><td></td></tr>
<tr><td>投訴緣由</td><td colspan="3"></td></tr>
<tr><td>客戶要求</td><td colspan="3"></td></tr>
<tr><td>在處理中可能遇到的困難</td><td colspan="3"></td></tr>
<tr><td>應對策略</td><td colspan="3"></td></tr>
<tr><td>顧客期望是否達成</td><td colspan="3"></td></tr>
<tr><td>採取主要措施</td><td colspan="3"></td></tr>
<tr><td>客戶投訴主管建議</td><td colspan="3"></td></tr>
<tr><td>客戶投訴專員建議</td><td colspan="3"></td></tr>
</table>

製表：　　　　　　　　　　　　　　　　審核：

五、客戶投訴處理表

1.投訴處理記錄表

表 14-2-6　投訴處理記錄表

投訴編號		投訴類型		日　期	
承辦人		承辦主管		查證人	
投訴者	姓　名			電話	
	公司名稱			地址	
投訴標的	品　名			金額	
	項　目			其他	
雙方意見	對方意見				
	本方意見				
調　查	調查項目及結果				
	調查判定				
最後對策					
產生原因					
情節程度					
備　註					

製表：　　　　　　　　　　審核：

2.客戶投訴處理表

表 16-4-7　客戶投訴處理表

<table>
<tr><td colspan="2">投訴編號</td><td></td><td>客戶姓名</td><td></td></tr>
<tr><td colspan="2">商品名稱</td><td></td><td>購貨日期</td><td></td></tr>
<tr><td colspan="2">投訴類型</td><td></td><td></td><td></td></tr>
<tr><td rowspan="3">投訴內容</td><td>投訴緣由</td><td></td><td>投訴者情況</td><td></td></tr>
<tr><td>客戶要求</td><td></td><td>數　量</td><td></td></tr>
<tr><td>經辦人意見</td><td></td><td>簽　字</td><td></td></tr>
<tr><td colspan="2">客戶部門意見</td><td colspan="3"></td></tr>
<tr><td colspan="2">行銷部門意見</td><td colspan="3"></td></tr>
<tr><td colspan="2">生產部門意見</td><td colspan="3"></td></tr>
<tr><td colspan="2">質檢部門意見</td><td colspan="3"></td></tr>
<tr><td colspan="2">財務部門意見</td><td colspan="3"></td></tr>
<tr><td colspan="2">副總經理批示</td><td colspan="3"></td></tr>
<tr><td colspan="2">總經理批示</td><td colspan="3"></td></tr>
</table>

製表：　　　　　　　　　　　　　　　　審核：

3.投訴處理報告表

表 16-4-8　投訴處理報告表

年　月　日

＿＿＿＿＿經理

本部門自×月×日接到客戶投訴，已於×月×日案件辦結，現將結果報告如下。

報告人(簽章)：

投訴受理日	年　月　日上午(下午)　時　分
投訴受理者	①信件　②傳真　③電話　④採訪　⑤店內
投訴內容	①品質　②數量　③貨期　④態度　⑤服務　⑥其他
投訴見證人	
處理緊急程度	①特急　②急　③普通
承辦人	
承諾辦理日	
實際辦理日	
處理內容	
費用	
保障	
原因調查會議	
原因調查人員	
原因	①嚴重原因 ②偶發原因 ③疏忽大意 ④不可抗拒原因
記載事項	
檢討	

製表：　　　　　　　　審核：

4.客戶投訴處理通知單

表 14-2-9 客戶投訴處理通知單

發文號：　　　　　　　　　　　　　　　　填寫日期：

<table>
<tr><td>投訴編號</td><td></td><td colspan="2">客戶姓名</td><td></td></tr>
<tr><td>經　　辦</td><td></td><td colspan="2">主管部門</td><td></td></tr>
<tr><td>投訴內容</td><td colspan="4"></td></tr>
<tr><td>訂單編號</td><td></td><td colspan="2">問題發生部門</td><td></td></tr>
<tr><td>訂購日期</td><td></td><td colspan="2">生產日期</td><td></td></tr>
<tr><td>客戶要求</td><td colspan="4"></td></tr>
<tr><td>索賠個數</td><td></td><td colspan="2">索賠金額</td><td></td></tr>
<tr><td>承諾處理期限</td><td></td><td colspan="2">實際處理期限</td><td></td></tr>
<tr><td>調查結果</td><td></td><td>客戶希望</td><td colspan="2">□更換新品　□退款　□打折扣
□至客戶處更換　□其他</td></tr>
<tr><td rowspan="3">公司對策</td><td>營業部觀察結果</td><td colspan="3"></td></tr>
<tr><td>公司對策實施要領</td><td colspan="3"></td></tr>
<tr><td>對策實施確認</td><td colspan="3"></td></tr>
</table>

製表：　　　　　　　　　　　　　　　　　審核：

5.客戶投訴案件追蹤表

表 14-2-10　客戶投訴案件追蹤表

填寫日期：

件數		1	2	3	4	5	6	7	8	9	10	11	12
受理	日期												
	字號												
客戶													
交貨單編號													
品名規格													
交運	日期												
	數量												
	金額												
不良數量													
客戶投訴內容													
製造部門													
處理方式													
損失金額													
責任歸屬	部門												
	比率(%)												
個人懲處	姓名												
	類別												
處理時效	收件												
	質管部												
	會簽部												
	市場行銷部												
	結案												
	合計												
督促記錄(日期文號)													
結案編號													

製表：　　　　　　　　　　　　　　　　審核：

6.客戶投訴總結表

表 14-2-11　客戶投訴總結表

投訴次數		每天投訴次數	
已解決投訴次數		解決比例	
涉及產品品質的次數			
主要品質問題			
具體對策			
運輸環節問題及對策			
加工環節問題及對策			
管理環節問題及對策			
其他環節問題及對策			
備　　註			

製表：　　　　　　　　　　審核：

六、客戶抱怨處理表

表 14-2-12　客戶抱怨表

客戶姓名		編　　號	
填 表 人		填寫日期	
抱怨摘要			
已採取行動	所需行動	已進行跟進行動	

製表：　　　　　　　　　　審核：

表 14-2-13　客戶抱怨處理表

□普通件　□急件　　　　日期：

客戶名稱		□抱怨　□退貨		品　　名	
型　　號		數量		交貨批號	
出貨日期			出貨單NO.		
項　　目	內容				責任單位負責人
抱怨內容					
公司應急措施					
抱怨原因及不良率分析					
防止再發對策					
抱怨處理意見					
會簽部門					
備　　註					

製表：　　　　審核：

147	六步打造績效考核體系	360 元
148	六步打造培訓體系	360 元
149	展覽會行銷技巧	360 元
150	企業流程管理技巧	360 元
152	向西點軍校學管理	360 元
154	領導你的成功團隊	360 元
155	頂尖傳銷術	360 元
160	各部門編制預算工作	360 元
163	只為成功找方法，不為失敗找藉口	360 元
167	網路商店管理手冊	360 元
168	生氣不如爭氣	360 元
170	模仿就能成功	350 元
176	每天進步一點點	350 元
181	速度是贏利關鍵	360 元
183	如何識別人才	360 元
184	找方法解決問題	360 元
185	不景氣時期，如何降低成本	360 元
186	營業管理疑難雜症與對策	360 元
187	廠商掌握零售賣場的竅門	360 元
188	推銷之神傳世技巧	360 元
189	企業經營案例解析	360 元
191	豐田汽車管理模式	360 元
192	企業執行力（技巧篇）	360 元
193	領導魅力	360 元
198	銷售說服技巧	360 元
199	促銷工具疑難雜症與對策	360 元
200	如何推動目標管理（第三版）	390 元
201	網路行銷技巧	360 元
204	客戶服務部工作流程	360 元
206	如何鞏固客戶（增訂二版）	360 元
208	經濟大崩潰	360 元
215	行銷計劃書的撰寫與執行	360 元
216	內部控制實務與案例	360 元
217	透視財務分析內幕	360 元
219	總經理如何管理公司	360 元
222	確保新產品銷售成功	360 元
223	品牌成功關鍵步驟	360 元
224	客戶服務部門績效量化指標	360 元
226	商業網站成功密碼	360 元
228	經營分析	360 元
229	產品經理手冊	360 元
230	診斷改善你的企業	360 元
232	電子郵件成功技巧	360 元
234	銷售通路管理實務〈增訂二版〉	360 元
235	求職面試一定成功	360 元
236	客戶管理操作實務〈增訂二版〉	360 元
237	總經理如何領導成功團隊	360 元
238	總經理如何熟悉財務控制	360 元
239	總經理如何靈活調動資金	360 元
240	有趣的生活經濟學	360 元
241	業務員經營轄區市場（增訂二版）	360 元
242	搜索引擎行銷	360 元
243	如何推動利潤中心制度（增訂二版）	360 元
244	經營智慧	360 元
245	企業危機應對實戰技巧	360 元
246	行銷總監工作指引	360 元
247	行銷總監實戰案例	360 元
248	企業戰略執行手冊	360 元
249	大客戶搖錢樹	360 元
250	企業經營計劃〈增訂二版〉	360 元
252	營業管理實務（增訂二版）	360 元
253	銷售部門績效考核量化指標	360 元
254	員工招聘操作手冊	360 元
255	總務部門重點工作（增訂二版）	360 元
256	有效溝通技巧	360 元
257	會議手冊	360 元
258	如何處理員工離職問題	360 元
259	提高工作效率	360 元
261	員工招聘性向測試方法	360 元
262	解決問題	360 元
263	微利時代制勝法寶	360 元
264	如何拿到 VC（風險投資）的錢	360 元
265	如何撰寫職位說明書	360 元
267	促銷管理實務〈增訂五版〉	360 元

268	顧客情報管理技巧	360 元
269	如何改善企業組織績效〈增訂二版〉	360 元
270	低調才是大智慧	360 元
272	主管必備的授權技巧	360 元
275	主管如何激勵部屬	360 元
276	輕鬆擁有幽默口才	360 元
277	各部門年度計劃工作（增訂二版）	360 元
278	面試主考官工作實務	360 元
279	總經理重點工作（增訂二版）	360 元
282	如何提高市場佔有率（增訂二版）	360 元
283	財務部流程規範化管理（增訂二版）	360 元
284	時間管理手冊	360 元
285	人事經理操作手冊（增訂二版）	360 元
286	贏得競爭優勢的模仿戰略	360 元
287	電話推銷培訓教材（增訂三版）	360 元
288	贏在細節管理（增訂二版）	360 元
289	企業識別系統 CIS（增訂二版）	360 元
290	部門主管手冊（增訂五版）	360 元
291	財務查帳技巧（增訂二版）	360 元
292	商業簡報技巧	360 元
293	業務員疑難雜症與對策（增訂二版）	360 元
294	內部控制規範手冊	360 元
295	哈佛領導力課程	360 元
296	如何診斷企業財務狀況	360 元
297	營業部轄區管理規範工具書	360 元
298	售後服務手冊	360 元
299	業績倍增的銷售技巧	400 元
300	行政部流程規範化管理（增訂二版）	400 元
301	如何撰寫商業計畫書	400 元
302	行銷部流程規範化管理（增訂二版）	400 元
303	人力資源部流程規範化管理（增訂四版）	420 元
304	生產部流程規範化管理（增訂二版）	400 元
305	績效考核手冊(增訂二版)	400 元
306	經銷商管理手冊(增訂四版)	420 元
307	招聘作業規範手冊	420 元
308	喬・吉拉德銷售智慧	400 元
309	商品鋪貨規範工具書	400 元
310	企業併購案例精華(增訂二版)	420 元
311	客戶抱怨手冊	400 元

《商店叢書》

10	賣場管理	360 元
18	店員推銷技巧	360 元
30	特許連鎖業經營技巧	360 元
35	商店標準操作流程	360 元
36	商店導購口才專業培訓	360 元
37	速食店操作手冊〈增訂二版〉	360 元
38	網路商店創業手冊〈增訂二版〉	360 元
40	商店診斷實務	360 元
41	店鋪商品管理手冊	360 元
42	店員操作手冊（增訂三版）	360 元
43	如何撰寫連鎖業營運手冊〈增訂二版〉	360 元
44	店長如何提升業績〈增訂二版〉	360 元
45	向肯德基學習連鎖經營〈增訂二版〉	360 元
46	連鎖店督導師手冊	360 元
47	賣場如何經營會員制俱樂部	360 元
48	賣場銷量神奇交叉分析	360 元
49	商場促銷法寶	360 元
50	連鎖店操作手冊(增訂四版)	360 元
51	開店創業手冊〈增訂三版〉	360 元
52	店長操作手冊（增訂五版）	360 元
53	餐飲業工作規範	360 元
54	有效的店員銷售技巧	360 元
55	如何開創連鎖體系〈增訂三版〉	360 元

56	開一家穩賺不賠的網路商店	360 元
57	連鎖業開店複製流程	360 元
58	商鋪業績提升技巧	360 元
59	店員工作規範（增訂二版）	400 元
60	連鎖業加盟合約	

《工廠叢書》

9	ISO 9000 管理實戰案例	380 元
10	生產管理制度化	360 元
13	品管員操作手冊	380 元
15	工廠設備維護手冊	380 元
16	品管圈活動指南	380 元
17	品管圈推動實務	380 元
20	如何推動提案制度	380 元
24	六西格瑪管理手冊	380 元
30	生產績效診斷與評估	380 元
32	如何藉助 IE 提升業績	380 元
35	目視管理案例大全	380 元
38	目視管理操作技巧(增訂二版)	380 元
46	降低生產成本	380 元
47	物流配送績效管理	380 元
49	6S 管理必備手冊	380 元
51	透視流程改善技巧	380 元
55	企業標準化的創建與推動	380 元
56	精細化生產管理	380 元
57	品質管制手法〈增訂二版〉	380 元
58	如何改善生產績效〈增訂二版〉	380 元
67	生產訂單管理步驟〈增訂二版〉	380 元
68	打造一流的生產作業廠區	380 元
70	如何控制不良品〈增訂二版〉	380 元
71	全面消除生產浪費	380 元
72	現場工程改善應用手冊	380 元
75	生產計劃的規劃與執行	380 元
77	確保新產品開發成功（增訂四版）	380 元
78	商品管理流程控制(增訂三版)	380 元
79	6S 管理運作技巧	380 元
80	工廠管理標準作業流程〈增訂二版〉	380 元
81	部門績效考核的量化管理（增訂五版）	380 元
82	採購管理實務〈增訂五版〉	380 元
83	品管部經理操作規範〈增訂二版〉	380 元
84	供應商管理手冊	380 元
85	採購管理工作細則〈增訂二版〉	380 元
86	如何管理倉庫（增訂七版）	380 元
87	物料管理控制實務〈增訂二版〉	380 元
88	豐田現場管理技巧	380 元
89	生產現場管理實戰案例〈增訂三版〉	380 元
90	如何推動 5S 管理（增訂五版）	420 元
91	採購談判與議價技巧	420 元
92	生產主管操作手冊(增訂五版)	420 元
93	機器設備維護管理工具書	420 元

《醫學保健叢書》

1	9 週加強免疫能力	320 元
3	如何克服失眠	320 元
4	美麗肌膚有妙方	320 元
5	減肥瘦身一定成功	360 元
6	輕鬆懷孕手冊	360 元
7	育兒保健手冊	360 元
8	輕鬆坐月子	360 元
11	排毒養生方法	360 元
13	排除體內毒素	360 元
14	排除便秘困擾	360 元
15	維生素保健全書	360 元
16	腎臟病患者的治療與保健	360 元
17	肝病患者的治療與保健	360 元
18	糖尿病患者的治療與保健	360 元
19	高血壓患者的治療與保健	360 元
22	給老爸老媽的保健全書	360 元
23	如何降低高血壓	360 元
24	如何治療糖尿病	360 元
25	如何降低膽固醇	360 元
26	人體器官使用說明書	360 元
27	這樣喝水最健康	360 元

28	輕鬆排毒方法	360 元
29	中醫養生手冊	360 元
30	孕婦手冊	360 元
31	育兒手冊	360 元
32	幾千年的中醫養生方法	360 元
34	糖尿病治療全書	360 元
35	活到 120 歲的飲食方法	360 元
36	7 天克服便秘	360 元
37	為長壽做準備	360 元
39	拒絕三高有方法	360 元
40	一定要懷孕	360 元
41	提高免疫力可抵抗癌症	360 元
42	生男生女有技巧〈增訂三版〉	360 元

《培訓叢書》

11	培訓師的現場培訓技巧	360 元
12	培訓師的演講技巧	360 元
14	解決問題能力的培訓技巧	360 元
15	戶外培訓活動實施技巧	360 元
17	針對部門主管的培訓遊戲	360 元
20	銷售部門培訓遊戲	360 元
21	培訓部門經理操作手冊（增訂三版）	360 元
22	企業培訓活動的破冰遊戲	360 元
23	培訓部門流程規範化管理	360 元
24	領導技巧培訓遊戲	360 元
25	企業培訓遊戲大全(增訂三版)	360 元
26	提升服務品質培訓遊戲	360 元
27	執行能力培訓遊戲	360 元
28	企業如何培訓內部講師	360 元
29	培訓師手冊（增訂五版）	420 元
30	團隊合作培訓遊戲(增訂三版)	420 元

《傳銷叢書》

4	傳銷致富	360 元
5	傳銷培訓課程	360 元
7	快速建立傳銷團隊	360 元
10	頂尖傳銷術	360 元
12	現在輪到你成功	350 元
13	鑽石傳銷商培訓手冊	350 元
14	傳銷皇帝的激勵技巧	360 元
15	傳銷皇帝的溝通技巧	360 元
19	傳銷分享會運作範例	360 元
20	傳銷成功技巧（增訂五版）	400 元
21	傳銷領袖（增訂二版）	400 元

《幼兒培育叢書》

1	如何培育傑出子女	360 元
2	培育財富子女	360 元
3	如何激發孩子的學習潛能	360 元
4	鼓勵孩子	360 元
5	別溺愛孩子	360 元
6	孩子考第一名	360 元
7	父母要如何與孩子溝通	360 元
8	父母要如何培養孩子的好習慣	360 元
9	父母要如何激發孩子學習潛能	360 元
10	如何讓孩子變得堅強自信	360 元

《成功叢書》

1	猶太富翁經商智慧	360 元
2	致富鑽石法則	360 元
3	發現財富密碼	360 元

《企業傳記叢書》

1	零售巨人沃爾瑪	360 元
2	大型企業失敗啟示錄	360 元
3	企業併購始祖洛克菲勒	360 元
4	透視戴爾經營技巧	360 元
5	亞馬遜網路書店傳奇	360 元
6	動物智慧的企業競爭啟示	320 元
7	CEO 拯救企業	360 元
8	世界首富　宜家王國	360 元
9	航空巨人波音傳奇	360 元
10	傳媒併購大亨	360 元

《智慧叢書》

1	禪的智慧	360 元
2	生活禪	360 元
3	易經的智慧	360 元
4	禪的管理大智慧	360 元
5	改變命運的人生智慧	360 元
6	如何吸取中庸智慧	360 元
7	如何吸取老子智慧	360 元
8	如何吸取易經智慧	360 元
9	經濟大崩潰	360 元
10	有趣的生活經濟學	360 元

11	低調才是大智慧	360 元

《DIY 叢書》

1	居家節約竅門 DIY	360 元
2	愛護汽車 DIY	360 元
3	現代居家風水 DIY	360 元
4	居家收納整理 DIY	360 元
5	廚房竅門 DIY	360 元
6	家庭裝修 DIY	360 元
7	省油大作戰	360 元

《財務管理叢書》

1	如何編制部門年度預算	360 元
2	財務查帳技巧	360 元
3	財務經理手冊	360 元
4	財務診斷技巧	360 元
5	內部控制實務	360 元
6	財務管理制度化	360 元
8	財務部流程規範化管理	360 元
9	如何推動利潤中心制度	360 元

為方便讀者選購，本公司將一部分上述圖書又加以專門分類如下：

《企業制度叢書》

1	行銷管理制度化	360 元
2	財務管理制度化	360 元
3	人事管理制度化	360 元
4	總務管理制度化	360 元
5	生產管理制度化	360 元
6	企劃管理制度化	360 元

《主管叢書》

1	部門主管手冊（增訂五版）	360 元
2	總經理行動手冊	360 元
4	生產主管操作手冊（增訂五版）	420 元
5	店長操作手冊（增訂五版）	360 元
6	財務經理手冊	360 元
7	人事經理操作手冊	360 元
8	行銷總監工作指引	360 元
9	行銷總監實戰案例	360 元

《總經理叢書》

1	總經理如何經營公司(增訂二版)	360 元
2	總經理如何管理公司	360 元
3	總經理如何領導成功團隊	360 元
4	總經理如何熟悉財務控制	360 元
5	總經理如何靈活調動資金	360 元

《人事管理叢書》

1	人事經理操作手冊	360 元
2	員工招聘操作手冊	360 元
3	員工招聘性向測試方法	360 元
4	職位分析與工作設計	360 元
5	總務部門重點工作	360 元
6	如何識別人才	360 元
7	如何處理員工離職問題	360 元
8	人力資源部流程規範化管理（增訂四版）	420 元
9	面試主考官工作實務	360 元
10	主管如何激勵部屬	360 元
11	主管必備的授權技巧	360 元
12	部門主管手冊（增訂五版）	360 元

《理財叢書》

1	巴菲特股票投資忠告	360 元
2	受益一生的投資理財	360 元
3	終身理財計劃	360 元
4	如何投資黃金	360 元
5	巴菲特投資必贏技巧	360 元
6	投資基金賺錢方法	360 元
7	索羅斯的基金投資必贏忠告	360 元
8	巴菲特為何投資比亞迪	360 元

《網路行銷叢書》

1	網路商店創業手冊〈增訂二版〉	360 元
2	網路商店管理手冊	360 元
3	網路行銷技巧	360 元
4	商業網站成功密碼	360 元
5	電子郵件成功技巧	360 元
6	搜索引擎行銷	360 元

《企業計劃叢書》

1	企業經營計劃〈增訂二版〉	360 元
2	各部門年度計劃工作	360 元
3	各部門編制預算工作	360 元
4	經營分析	360 元
5	企業戰略執行手冊	360 元

《經濟叢書》

1	經濟大崩潰	360 元
2	石油戰爭揭秘(即將出版)	

經營顧問叢書 ⑪ 售價：400 元

客戶抱怨手冊

西元二〇一五年二月 初版一刷

編輯指導：黃憲仁

編著：韋光正 任賢旺

策劃：麥可國際出版有限公司（新加坡）

編輯：蕭玲

校對：劉飛娟

發行人：黃憲仁

發行所：憲業企管顧問有限公司

電話：(02) 2762-2241 (03) 9310960 0930872873

電子郵件聯絡信箱：huang2838@yahoo.com.tw

銀行 ATM 轉帳：合作金庫銀行 帳號：5034-717-347447

郵政劃撥：18410591 憲業企管顧問有限公司

登記證：行政業新聞局版台業字第 6380 號

本圖書是由憲業企管顧問（集團）公司所出版，以專業立場，為企業界提供最專業的各種經營管理類圖書。

圖書編號 ISBN：978-986-369-013-9